クワの葉を食べるカイコの5齢幼虫

絹糸を吐くカイコ幼虫

カイコ成虫の頭部と触覚

家蚕（カイコ）と天蚕（ヤママユ）

家蚕繭回転蔟（1995年撮影）

出荷される家蚕繭（余呉町今市、1995年撮影）

クヌギの若葉を食べるヤママユ孵化幼虫

ヤママユ5齢幼虫（三田村敏正氏撮影）

ヤママユの繭

天蚕繭、小枠の天蚕糸、ひねりの天蚕糸

ヤママユ成虫♂（上）と♀（下）

5　コフサヤガ亜種終齢幼虫

10（上）ヨモギエダシャク終齢幼虫
　　（下）ヨモギエダシャク成虫
　　　（木村浩一氏撮影）

6　ゴマケンモン終齢幼虫

1（上）アカスジアオリンガ
　　　終齢幼虫
　（下）アカスジアオリンガ
　　　成虫（中尾健一郎氏撮影）

11　キバラヒメアオシャク終齢幼虫

7　シラオビキリガ終齢幼虫

2　オオシマカラスヨトウ終齢幼虫

12　キマエアオシャク終齢幼虫

8　シラフクチバ中齢幼虫

3　オニベニシタバ終齢幼虫

13　トビモンオオエダシャク終齢幼虫

9　シロヘリキリガ終齢幼虫

4　カラスヨトウ終齢幼虫

18　ツヤスジハマキ終齢幼虫　　　14　ナカウスエダシャク終齢幼虫

21　（上）エルモンドクガ終齢幼虫
　　（下）エルモンドクガ成虫
　　（中尾健一郎氏撮影）

15　ヒメカギバアオシャク終齢幼虫

22　ヒメシロモンドクガ終齢幼虫

19　（上）ムモンヒロバキバガ終齢幼虫
　　（下）ムモンヒロバキバガ成虫
　　（木村浩一氏撮影）

16　マエモンシロスジアオシャク終齢幼虫

23　マイマイガ中齢幼虫

24　クロウスムラサキノメイガ
　　終齢幼虫

20　（上）キバガ科 *Hypatima* 属の一種の
　　　　　虫かご
　　（下）虫かご内の終齢幼虫

17　（上）プライヤハマキ中齢幼虫
　　（下）プライヤハマキ成虫
　　（宮本光太郎氏撮影）

33 チャミノガ中齢幼虫の糞

29 アオイラガ終齢幼虫
（服部伊楚子氏撮影）

25 ナカアオフトメイガ終齢幼虫

30 アカシジミ終齢幼虫

26 ホソバシャチホコ終齢幼虫

34 （上）コウモリガ終齢幼虫
　　（下）コウモリガ成虫
　　（高木一夫氏撮影）

31 （上）エゾヨツメ中齢幼虫
　　（下）エゾヨツメ成虫

27 （上）シャチホコガ終齢幼虫
　　（下）シャチホコガ成虫
　　（中尾健一郎氏撮影）

35 コハモグリガ科の幼虫がつくった
　　トンネル

36 リンゴコブガ終齢幼虫

32 マエキカギバ終齢幼虫

28 イラガ終齢幼虫

びわ湖の森の生き物 2

ドングリの木はなぜイモムシ、ケムシだらけなのか？

寺本憲之

サンライズ出版

はじめに

ドングリの木は、ぼくたち日本人が自然との関わりを考えるときには欠かすことのできないシンボル的な樹木である。

ドングリは子供たちにとって憧れの宝物である。ドングリの実でままごと遊びをしたり、ヤジロベエやこま、人形をつくって遊んだ経験をもつ人は多いだろう。夏休みに、早起きをして眠い目をこすりながら鎮守の森へ向かい、ドングリの木の樹皮からしみ出た甘い樹液に集まるカブトやクワガタ、カナブンを夢中で採った思い出がある読者もいるかもしれない。

その一方で、天蚕、野蚕、あるいはヤママユ（山繭）と呼ばれるガ（蛾）はご存じであろうか。「繊維のダイヤモンド」と呼ばれる絹糸で緑色の大きな繭をつくるガで、幼虫はドングリの木（ブナ科植物）の一つであるクヌギなどの葉を食べて育つ。住宅地の近くの雑木林などにもいて、成虫はグラウンドのナイター照明などに誘われて人前にも現れることがある。

ぼくは滋賀県の農業試験・指導機関に勤めながら、桑の葉を食べる蚕、ドングリの木の葉を食べる天蚕、そして天蚕と同じくドングリの木の葉を食べる多種多様な鱗翅目昆虫＝ガたちに出会った。ガの幼虫、すなわちイモムシ、ケムシたちである。

最近とみに『〇〇〇はなぜ△△△か？』という疑問形の書名をよく見かけるようになったが、それらは、誰もが抱く素朴な疑問が用いられている。多くの読者を得ることを目的とした本であ

れば当然だろう。「ドングリの木はなぜイモムシ、ケムシだらけなのか?」という疑問をもったことがある日本人というのは、いったいどれほど存在するのだろう(この疑問において多いのは、それぞれが異なる名をもつ種の数であって、同一種が大発生した状態のことではない)。ぼく自身、実際にドングリの木からイモムシ、ケムシを採集して数えてみるまで、ここまで多いとは気づかなかったのである。

本書は、このタイトルの疑問に答える内容であることはもちろんであるが、この「びわ湖の森の生き物」シリーズの趣旨に則り、その疑問を抱くまでの道のりの記述にもかなりの分量をさいている。最初に全体の構成を説明しておきたい。

第1章「地域を支えた養蚕業」は、ぼくの研究の舞台となった滋賀県湖北地域における養蚕業のようすを紹介している。近代日本の地域経済に、カイコという鱗翅目昆虫の一種がどのような役割を果たしたのか、湖北地域は典型的なモデルになると思う。

養蚕が衰退していく中で、ぼくは高級生糸として注目された天蚕(ヤママユガ)に出会う。第2章「家蚕と天蚕」は、家蚕(カイコガ)と天蚕それぞれの生態を解説している。予備知識のない読者の中には、「天蚕＝野生のカイコ」とお考えになる方もいるかもしれないが、両者は別の科でその姿や生態はかなり異なる。

さて、ヤママユガを飼育するには、それと競合する虫＝クヌギの葉を食べる他の虫たちの発生を抑える必要がある。この防除法の試験研究を進めるうち、ぼくの頭には本書タイトルの疑問が

8

はじめに

浮かぶことになる。口絵に写真を掲載したイモムシ、ケムシはほんの一部にすぎない。

第3章「ドングリの木を食べるガ・チョウ類」では、いよいよ本題といえるドングリの木とイモムシ、ケムシの特別な関係について考察する。ドングリの木の葉を食べるさまざまな鱗翅目の幼虫、その食性調査結果からは何が導き出されるのか？

第4章「昆虫の食性と種分化」では、3章における考察やハバチ（植物食のハチの一種）で発見された現在進行形の種分化を例に、"異食性種分化"が進化の重要な要因となるのではないかということを提案する。

第5章「ドングリの木と昆虫たちの進化の歩み」では、地球規模にまでスケールアップして、昆虫の進化、植物の進化双方から、ガ・チョウ類の種分化の歩みを考える。後半では、縄文時代以降のドングリの木と人間の関わりの歴史を簡単に振り返り、この半世紀でその関係性が大きな転換点を迎えたことについても述べる。

どこにでもあるドングリの木と、嫌われ者のイモムシ、ケムシが主人公であるが、昆虫と植物の進化をめぐるちょっとした歴史物語が描けたのではないかと思う。数式や数値もたくさん出てくるが、できるだけわかりやすくなるようグラフに加工してあるので、読み飛ばさずにおつき合いいただきたい。

目次

はじめに

第1章 地域を支えた養蚕業

1. 湖北の蚕糸業 ———————————————————— 16

ぼくと昆虫との出会い／虫採りの日々／昆虫学を学ぶ「蚕糸の町」長浜と湖北養蚕業／滋賀県蚕業指導所に勤務／「北高南低」／滋賀県養蚕の盛衰／「蚕糸祭」と森幸太郎

2. 生糸を用いた製品 ———————————————————— 32

日本への養蚕の伝来と絹織物／養蚕の始まり／蚕姫の伝説／『魏志』倭人伝／中国からの輸入糸／輸入制限／地方機の発展／成田思斎著『蚕飼絹篩大成』／幕末日本の主要輸出品／湖北の養蚕関係の産物

蚕種／繭／生糸／浜縮緬／ビロード／鼻緒／真綿／特殊生糸／邦楽器糸／人造テグス

3. 滋賀県の養蚕関係機関 ———————————————————— 55

湖北を中心としたその変遷

蚕種検査所／原蚕種製造所／繭検定所／蚕業指導所／養蚕に関する研究／ドングリの木を食べる虫

第2章 家蚕と天蚕（カイコとヤママユ）

1. 家蚕（カイコ）———————————————————— 62

2. 天蚕（ヤママユ） 74
　卵で越冬／羽化と産卵
　蚕の生態
　　絹糸を吐くガ類
　　分類学上の位置づけ／成虫の特徴／蚕の祖先／幼虫の特徴
　天蚕の生態
　　緑色の糸を吐くガ
　　穂高地方で飼育／分類学上の位置づけ／食べる植物
　　葉をつづり合わせ営繭／成虫の特徴
　　繊維のダイヤモンド、天蚕糸
　　飼育も繰糸も困難
　天蚕の飼育方法
　　天蚕卵の準備／飼料樹の準備／飼育方法／収繭／交尾と産卵／卵の検査と消毒
　天蚕糸の製糸方法
　滋賀県の天蚕業

3. 人と鱗翅目昆虫 87
　チョウとガ
　益虫と害虫

第3章　ドングリの木を食べるガ・チョウ類

1. ドングリの木とガ・チョウ類との不思議な世界 92
　ガ・チョウ類はドングリの木がお好き？
　幼虫調査／同定作業／途方もない発生頭数

多いグループ
ヤガ科／シャクガ科／ハマキガ科／ドクガ科／メイガ科／シャチホコガ科／イラガ科／カギバガ科／ミノガ科／コウモリガ科／シジミチョウ科／ヤママユガ科／コブガ科
少数だが特徴的なグループ
発生時期
586種
春に集中して発生／若葉と成熟葉／夏〜秋型もいる
ドングリの木とガ・チョウ類との深い関係

2. ドングリの木 ——————————— 109

ドングリの木とは？
殻斗をつけた堅果／ブナ科植物の分布
日本に分布するドングリの木
属ごとの特徴／落葉樹と常緑樹
さまざまなドングリの木
ブナ属／クリ属／シイ属／マテバシイ属／コナラ属ナラ類（落葉樹）／コナラ属カシ類（常緑樹）
ドングリの木を食べるガ・チョウ類の食性
落葉性コナラ属が一番人気／欧米での報告／幼虫の食性
昆虫食性から植物目相互の類縁関係を探る
多食性のガ・チョウ類／バラ目との高い類縁度
小蛾類との特別な関係
小型のガはエサとの関係を保ちやすい／特に関係の深い小蛾類の4科

第4章 昆虫の食性と種分化

1. 天蚕の食性 ———————————————————— 138
従来の植樹分類

2. 植物と昆虫との攻防 ———————————————— 150
昆虫の食性
食性の分類/食べるまで/感覚器官
植物側の防御
物理的防御/化学的防御/植物の毒素を利用する昆虫
単食性と多食性とでは、どちらが有利なのか？
カイコは、クワしか食べられないから、カイコになった
異食性種分化
種とは何か？/種分化の種類/進行中の種分化/食性の個体変異

第5章 ドングリの木と昆虫たちの進化の歩み

1. 鱗翅目昆虫とブナ科植物の誕生 ———————————— 170
古生代
生命の誕生（古生代以前）/コケ植物とシダ植物/昆虫の誕生/裸子植物の誕生
中生代
哺乳類の誕生/鱗翅目昆虫の誕生/毛翅目の分化/被子植物の誕生/大陸移動による動植物の多様化/ブナ科植物の誕生/ブナ科植物の進化

2. 食性の変化からみたガ・チョウ類の進化 ——————————— 187
最古の鱗翅目

幼虫は苔類を食べた先祖／歯を持つガ、コバネガ科／食べる植物の拡大と種の分化／裸子植物を食べる／被子植物を食べる／歯とストローを持つスイコバネガ科進化の系統樹

単食性から多食性へ／食性解析調査とも付合する仮説

3. **ドングリの森と人間** —————— 195

新生代のブナ科植物

日本列島の形成／蒲生沼沢地群のブナ科植物化石／常緑性広葉樹（カシ類）の拡大／二次林として新たな展開／近世以降の樹林／燃料革命以後

チョウ・ガ類を育んできた里山の今後

森と人とのつながり／里山管理の必要性／里山の崩壊

おわりに

参考文献

第1章 地域を支えた養蚕業

絹白生地界の最高級品として知られる「浜縮緬」
（浜縮緬工業協同組合提供）

1. 湖北の蚕糸業

ぼくと昆虫との出会い

虫採りの日々

昆虫少年であったぼくは、大阪府堺市で生まれた。そこで亡き親父から「お前は九州熊本県人の血が流れているんだ」と言われて育った。数学の教師から民間企業へ転職した親父は九州人としての誇りを持った頑固者で自然と酒が大好きな人だった。ぼくは親父ほど頑固ではないが、自然と酒好きは親父のDNAを引き継いでいることは間違いない。そして、ぼくの虫好きも親父の影響が大きく、幼少の頃から親父によく虫採りや魚釣りに連れて行ってもらったことから起因している。

ぼくは、物心がつく頃から虫採りを始めた。毎日、朝から晩まで、同じセミやバッタ、コオロギ、チョウ、ハチ、トンボ、水生昆虫、カブト、クワガタ、タマムシ、カミキリなど、手当たり次第に競ってとにかく数を採った。当時、美しいタマムシとクワカミキリ、シロスジカミキリ、ゲンゴロウ、セイボウ（金属光沢があるハチの仲間）は、ぼくが最も手に入れたかった昆虫であった。

最初は近所の年上のガキ大将らについて、弟子として一緒に昆虫採集に行ったが、小学校中学年になると一人で採集に行くようになった。自転車で少し走ると仁徳天皇陵があり、その隣には大阪府立大学農学部があった（昭和40年代に移転）。そこでは、林の中の地面にトラップを仕掛けて

第1章　地域を支えた養蚕業

マイマイカブリやオサムシを採った。

また、工事現場で拾ってきた廃材を利用してハト小屋をつくり、そこで30羽程度の伝書バトを飼育したこともあった。家の周りには海や池もあり、ハゼやドンコ、そしてチヌ、イシダイ、アナゴ、タチウオ、ウナギ、アイナメ、ボラ、フナ、コイ、モロコなどを釣りに行った。すぐ近くには大浜海水浴場やプール、明治36年（1903）に開設され、本格的な水族館としては日本一古い歴史をもつ大浜水族館など、遊ぶところも多かった。水族館には海水魚の展示館の他、オットセイやサル、浜子という名のゾウまで飼育されていた。

当時、近所に「ロバのパン屋」という、本物のロバが陳列車を引くパンの移動販売があった。道路の舗装も充分ではない時代だった。「ロバのおじさんチンカラリン　チンカラリンロンやって来る…」と音楽を流し、蒸しパンを売りに来ていた。しかし、その蒸しパンがなかなか買えなかった。お袋がアップリケの目玉貼りなどの内職のかたわらつくってくれたはったい粉と砂糖を混ぜたジュースや火鉢の網上で焼く干し芋やお餅がご馳走だった。当時、一般の家庭にはテレビも自家用車もなく、ぼくは近所の家にテレビを見せてもらいに行くのが楽しみであった。力道山のプロレスや「裸足のアベベ」のマラソンを見せてもらって、それらに熱中していた記憶がある。そのような時代、街には「雑貨屋（こまもんや）」、「八百屋」、「金魚屋」、「パーマ屋」などの小さな店があり、雑貨屋ではタバコ、日用品、おもちゃ、お菓子、パンなど何でも売っていた。そこにはA4サイズぐらいの貼り合わされた紙の間一面に松ヤニがべったり塗られているハエトリ紙やハマグリの貝殻に入ったとりもちが普通に売られていた。

ぼくはなけなしの小遣いを使って、このハエトリ紙をよく買いに行った。ハエを捕るために買うのではなく、セミを採るためだ。そして自作で自慢の竹のつなぎ竿の先を、ハエトリ紙をめくった部分に入れてマツヤニをなすり付ける。マツヤニには独特の匂いがあった。そして、その竿を接ぎ伸ばして高い枝や幹にとまっているセミの翅(はね)にそっとくっつけてたくさんのセミを採った。そのとき竿先で暴れるそのセミの感触がたまらなかった。

また、キャベツ畑に行って網を振り回し、モンシロチョウを採って採りまくって虫かごいっぱい詰め込んだ。また、畑からアオムシやヨトウムシなどの幼虫も持ち帰って飼育した。カブトやクワガタ、キリギリス、コオロギなども一夏で20〜50頭前後は採って飼育した。オニヤンマ、ギンヤンマ、シオカラトンボ、アキアカネなど、トンボもたくさん採った。捕虫網にネットインしたトンボの振動感触は今でも覚えている。しかし、今から考えると何が面白くて同じ種類の虫をそんなにたくさん採ったのかはわからない。

このようにぼくは小学校の低学年のころからチョウ、ガ、甲虫、ハチ、トンボ、バッタ類などを採ったり、飼育したり、昆虫標本を作製したりして遊んだ。採った昆虫の種類を調べるために親に無理を言って昆虫図鑑を揃えてもらった。

しばらくすると、大学で専門的な昆虫学を学ぼうと考えるようになった。子供の頃から使っていた昆虫図鑑の執筆者であった黒子浩(くろこ)先生(専門は小蛾類(しょうが)の分類学者。大阪府立大学農学部元教授)が在籍する近くの大学へ行こうと思った。勉強嫌いのぼくであったが、最終的にまぐれでその希望の大学へ進めた。大学では希望どおり黒子先生の弟子になって昆

昆虫学を学ぶ

第1章　地域を支えた養蚕業

虫学を学ぶことができた。基本的な昆虫学を学ぶとともに、黒子先生からはヒトリガ科のケムシの分類に関するテーマをいただき、夜間採集と幼虫の飼育、実体顕微鏡による幼虫形態の観察を毎日行った。大学進学の目的がはっきりしていたため、昆虫学の勉強が新鮮で面白く、遊びと勉強と充実した大学生活を送ることができた。

その後、ぼくは自然の少なくなった大阪を離れ、びわ湖を中心とする豊富な自然環境に憧れて滋賀県に就職し、定住するようになった。

「蚕糸の町」長浜と湖北養蚕業

滋賀県蚕業指導所に勤務

滋賀県職員としての最初の仕事は、養蚕に関するものであった。昭和57年（1982）、長浜市地福寺町にある滋賀県蚕業指導所（旧滋賀県蚕業試験場）という養蚕の指導部門と研究部門がある部署がぼくの最初の仕事場となった。その隣にはコウベ蚕種株式会社（旧滋賀県蚕種製造株式会社）という蚕の卵を売る業者があり、西隣の長浜商工高校（現、長浜北星高校）には繊維工業科が設けられていた。

少し北の市立西中学校の敷地にはもともと長浜農学校（郊外に移転し、現、長浜農業高校）があり、同校の前身にあたる蚕糸組合が設立した蚕業学校は、湖北地域最初の中等教育機関（現在の高校にあたる）だった。その北、長浜八幡宮に隣り合う長浜赤十字病院は、明治20年（1887）に設立された湖北で初の本格的な製糸工場である近江製糸の工場があった所である。明治末には従業員

19

数500人を数えた。病院設立にあたり、近江製糸創業者の下郷傳平が敷地を寄付した。北陸本線の線路をはさんで少し離れた長浜駅の北西、長浜市殿町には姉妹事務所の滋賀県繭検定所という農家が生産する繭の検査所があった。このように長浜はまさに「蚕糸の町」であった。昔の木造小学校の校舎のように板張りされた事務所や実験室の床には油がひかれており、たいへん趣ある建物だった。

当時、これらの事務所の職員は湖北特有の人情味があり、初めての地で働くようになったぼくにいろいろとよくしてくださった。特に当時係長であった杉本英隆さんには公私ともに大変お世話になった。ぼくのカイコについての知識は、すべて杉本さんに教えてもらったものである。杉本さんには奥さんともども今でも感謝している。

とりあえず、ぼくは繭検定所の古い平屋の官舎を借りて独身生活を始めた。

現在、繭検定所も蚕業指導所もつぶされて別の建物が建っているが、そこには石碑「かいこを偲ぶ」が建てられており、繭検定所跡に新設された団地から道路に通じる所に橋が架けられており、その橋は殿町からの「殿」と繭検定所から「蚕」の字をとって「殿蚕橋」と名付けられている。

豊臣秀吉が築いた城下町・長浜は、その後、丹後（現在の京都府北部）と並ぶ縮緬の産地となる。この地方で縮緬が織られるようになったのは、江戸時代の宝暦年間（1751〜1763）に地元の人が丹後から縮緬の技法を導入したことが始まりとされている。

「北高南低」

幕末から明治初めにかけて、養蚕関係の製品（生糸、絹織物、蚕種）が日本からの輸出品の6割を占めていたことは、中学校の歴史教科書などにも書かれていること

第1章　地域を支えた養蚕業

図2　当時の蚕業指導所の職員（後列右端：筆者、後列左から2人目：杉本英隆さん）

図1　当時の滋賀県蚕業指導所（旧滋賀県蚕業試験場）

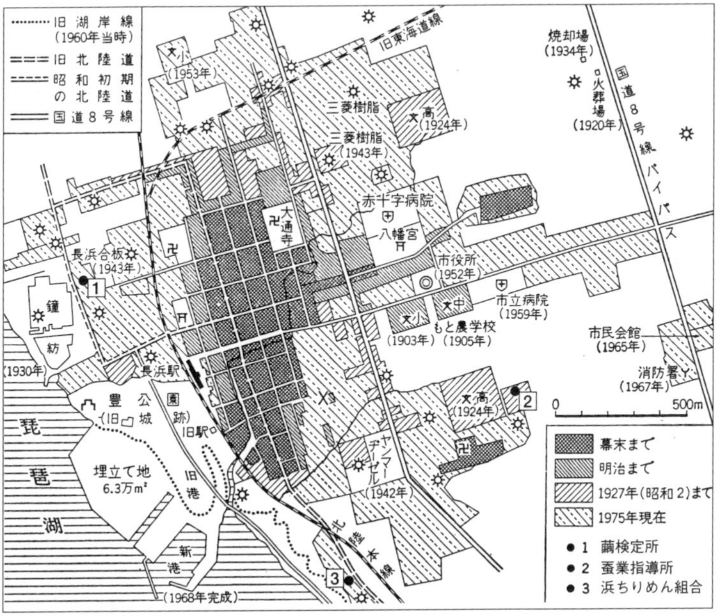

図3　1970年代半ばまでの長浜市街地の発展
　　　　（日本地誌研究所編『日本地誌 第13巻 近畿地方総論』より。一部修正）

21

だが、現代の人間にはなかなか実感が湧かない。その時代は「虫」が日本経済を支えていたのである。

滋賀県の場合は、そのよい例になる。県下町村の製造物と農産物を詳細に調査し、明治13年（1880）ごろに刊行された『滋賀縣物産誌』首巻収録の数字をもとに作成したのが、24ページ左段の図5–1～3である。

まず、明治初期の郡別の製造品価額では、長浜を含む坂田郡（現在の長浜市の一部、米原市のほぼ全域、彦根市の一部）が飛び抜けて多く、東浅井郡とともにそのほとんどは養蚕関係の製造品である。次に農産物でも湖北3郡（伊香・東浅井・坂田）で県全域の製造物総価額のじつに57％を占めている。湖北3郡だけがそろって30円を超え、養蚕関係の比率が高く、その結果、郡別一人当たり価額では、他の郡を圧倒していた。

『物産誌』刊行の前々年にあたる明治11年、犬上郡平田村（現、彦根市平田町）に県営彦根製糸場が完成した。ここでは、群馬県の官営模範工場、富岡製糸場へ働きに出ていた彦根出身の工女が呼び戻されて働いたというが、犬上郡の数値にこの工場の分は計上されていないようである（県営であるためか、工場がまともに操業していなかったためかは不明。民間に払い下げられたが、経営が思わしくなく間もなく閉鎖）。

また、『物産誌』の調査時、湖北では敦賀―長浜間の鉄道建設が行われていた。現存する日本最古の駅舎として知られる旧長浜駅舎が明治15年に完成し、その2年後に敦賀湾と琵琶湖を結ぶ敦賀線が開通した。長浜の米穀商、下郷傳平が明治20年（1887）に設立した近江製糸はその後、職工

第1章 地域を支えた養蚕業

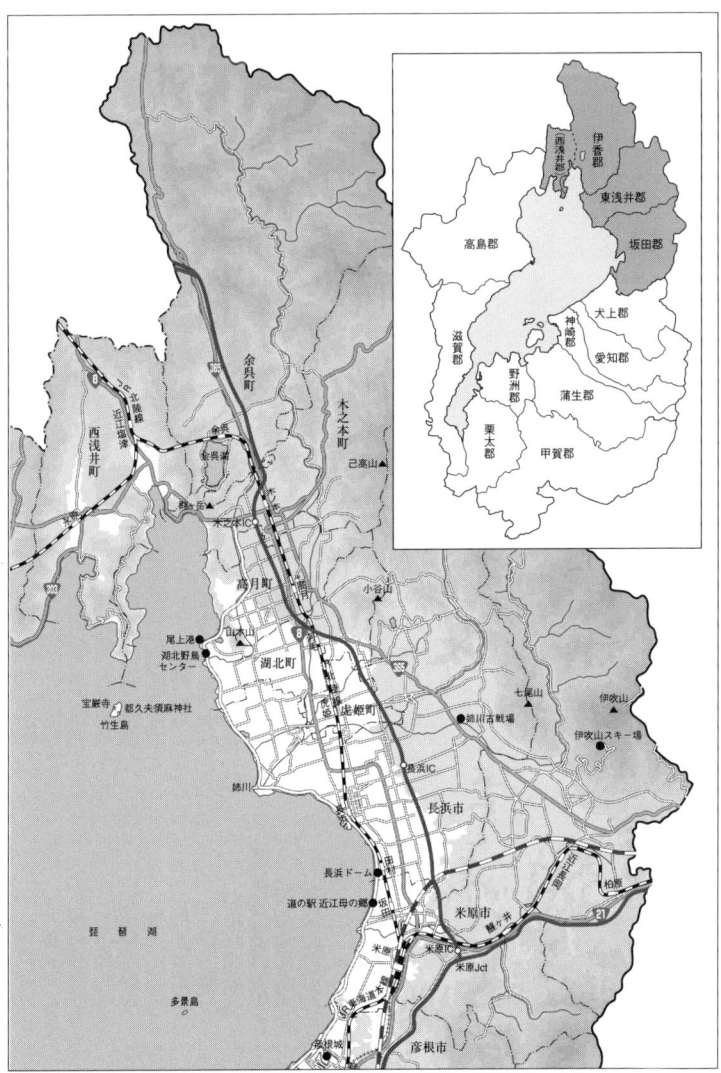

図4 現在の湖北地域地図と合併前の郡別滋賀県地図

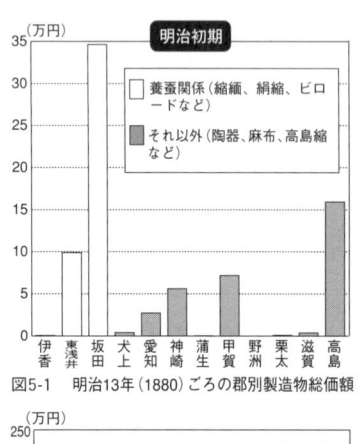

図5-1 明治13年（1880）ごろの郡別製造物総価額

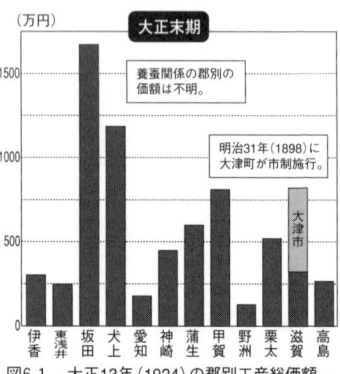

図6-1 大正13年（1924）の郡別工産総価額

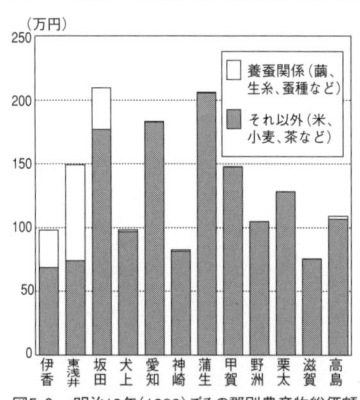

図5-2 明治13年（1880）ごろの郡別農産物総価額

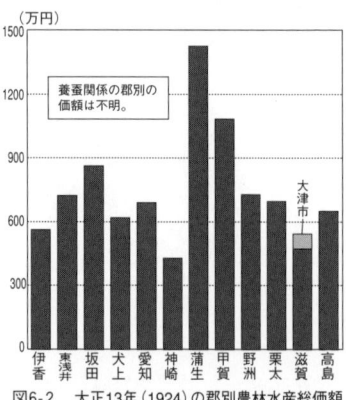

図6-2 大正13年（1924）の郡別農林水産総価額

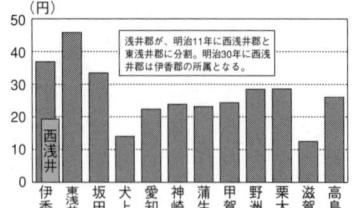

図5-3 明治13年（1880）ごろの郡別産物一人当たり価額
（『滋賀県物産誌　首巻』をもとに作成）

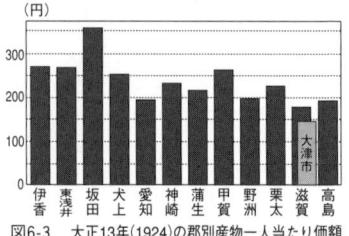

図6-3 大正13年（1924）の郡別産物一人当たり価額
（『滋賀縣史 第4巻 最近世』をもとに作成）

第1章　地域を支えた養蚕業

400人規模の大工場に発展した。同年、下郷は大阪電灯（現、関西電力）の創立発起人のメンバーにも加わり、明治26年の富岡製糸場民間払い下げの入札では三井財閥と競り合ったことで知られる。

一方、彦根を中心とした湖東地域は近代化に取り残された風で、先に述べた県営製糸場の設置はそうした状況へのテコ入れだったといえる。いわゆる「近江商人」には湖東出身者が多い。しかし、京都や東京に店をかまえる者がほとんどで、伊藤忠兵衛が神戸港で仕入れた大量の毛織物で財をなしたように成功例の多くは輸入によるものだったため、明治初期の時点でみると近江商人の商業活動は県内の産業にはあまり貢献していなかった。また、県庁所在地である大津は江戸時代以来、米穀をはじめとする流通拠点として栄えてはいたが、近代工業の発展は大正時代末から昭和初期に相次ぐ人造絹糸（レーヨン）工場進出を待たなければならなかった。

それから40年余り後の大正13年（1924）の数字を『滋賀縣史』（滋賀県発行、昭和3年）から拾ったのが24ページ右段の図6－1～3である。大正末期においても工業生産品の総価額では、やはり長浜を含む坂田郡がずば抜けて多く、県内一の工業地帯だったことがわかる。郡別一人当たり価額でも、353円の坂田郡がトップで、湖北3郡が上位を占めていることに変わりはない。

昭和30年代半ば以降、名神高速道路建設にともなう各種工場の進出や工業団地の建設と、京阪神のベッドタウン化などにより、県南部が急激に発展したため、繊維産業の衰退により取り残された県北部との対比は、「南高北低」という言葉で表されることがよくある。

しかし、明治から大正にかけての半世紀の間、県経済は明らかに「北高南低」の状態にあり、これのもとをたどれば蚕という「虫」の力によるものだった。

25

滋賀県養蚕の盛衰

先にみたとおり、明治時代の滋賀県は湖北3郡を中心に養蚕業が盛んで、福島・群馬・埼玉・長野・岐阜県などと肩を並べる全国10位以内の繭生産量を誇った。大正時代にも日本産生糸の海外輸出がさらに増加し、糸価の高騰が続いた。

このような追い風を受け、湖北3郡に続けとばかりに、湖東・湖南・湖西の農家にも養蚕が奨励された。図7のとおり、明治13年から昭和元年（1926）にかけて滋賀県の繭生産量が約4倍になる中で、当初は湖北が総量の9割余りを占めたが、他の9郡の合計生産量がほぼ湖北に匹敵するまでに増加している。昭和を迎えると、県内全農家の約30％が養蚕を行い、全畑地面積の約50％を桑畑が占め、昭和3年には繭生産量が3204tに達した。

しかし、翌4年（1929）10月24日のニューヨーク株式市場の株価大暴落に端を発する世界恐慌によって、農産物の価格（特に米と生糸）が大幅に下落、養蚕をめぐる状況は急転する。国内農村が恐慌におちいる中、始まった日中戦争は長期化、昭和15年（1940）には食糧を主とした重要作物の増産対策が取り組まれ、翌16年の時点で養蚕農家の戸数と桑園の面積は最盛期の半分にまで急減した。さらに、太平洋戦争下で減少の一途をたどり、終戦の昭和20年（1945）には、16年の半分以下にまで減少した。

戦後は、食糧事情の回復にともない、徐々に繭生産量は増加していったが、昭和33年（1958）に繭の価格が低迷、化学繊維の普及と女性が洋服を着るようになったことなどの影響で絹織物の需要は伸びず、繭の生産調整が行われた。政府が需要に合った生産を求め、昭和44年（1969）から始まった米の生産調整（減反政策）と同じである。

26

第1章　地域を支えた養蚕業

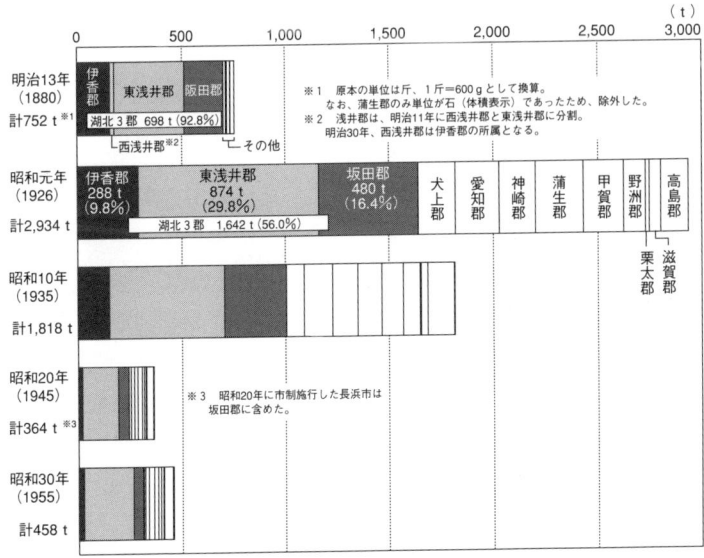

図7　明治初期と昭和期における滋賀県の郡別繭生産量
　（明治13年は『滋賀県物産誌』の農産物統計郡別表を、昭和期は『滋賀県史昭和編　第3巻』掲載の表をもとに作成。）

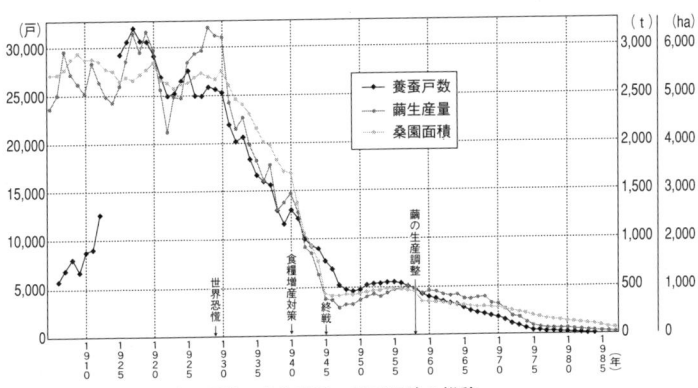

図8　滋賀県の養蚕戸数・繭生産量・桑園面積の推移

図9　養蚕のようす
　①家族全員での桑採り　②桑の運搬　③蚕棚による飼育　④桑を食べる蚕の5齢幼虫　⑤上蔟(じょうぞく)(成熟した蚕の幼虫に繭をつくらせるため、蔟(まぶし)に移し変える)　⑥・⑦蔟の中につくられた繭

第1章　地域を支えた養蚕業

昭和35年以降には国内経済が高度成長を続ける中、農業従事者の他産業への就職が増加、数の減った養蚕農家の中で規模を拡大した省力機械化養蚕が目指された。昭和40年代に入ると、稚蚕の人工飼料による飼育技術なども確立されたが、繭の価格は下がったままで、養蚕農家は減り続けた。

その第一の要因として、化学繊維の発達によって国内の絹糸の需要が少なくなったこと。第二の要因として、養蚕業（桑栽培と蚕飼育管理）は日曜百姓ではできない重労働農作業で、農家が家蚕の飼育を敬遠し始めた関係などで繭価格が低迷し、農家の収入が少なくなったため、養蚕農家は昭和6年（1917）の3万2014戸をピークに今や1戸もなくなってしまった。その後は、衰退の一途をたどり、点があげられる。

「蚕糸祭」と森幸太郎

県内に養蚕農家がなくなった現在でも、毎年10月下旬に竹生島（長浜市早崎町）にある日本三大弁財天の一つで、西国第30番札所でもある宝厳寺で蚕霊供養を行う「蚕糸祭」が続けられている。これは、昭和初期に東浅井郡竹生村（現、長浜市）出身の政治家で、戦後まもなく吉田茂内閣の時には農林大臣を務めた森幸太郎が発起人となり、養蚕農家や製糸業者に呼びかけて蚕を供養するために始められた行事である。養蚕農家は収穫した新米を奉納し、宝厳寺の御符を受けてから蚕室に入るようにしていた。

当日は長浜港から船で竹生島まで渡り、県や農協の養蚕関係者、弁財天の眷属（従者）の一人である「養蚕童子」像に献灯する。現在は蚕以外の虫霊供養（農業害虫など）も兼ねており、ぼくも長年この行事に参加してきた。

図11　宝厳寺本堂

図10　竹生島

森幸太郎は、明治23年(1889)に竹生村弓削に生まれた。明治13年頃、『滋賀縣物産誌』の記録では、弓削村(明治22年に周辺11ヶ村が合併して、竹生村となる)は「(米作の)傍ラ養蚕製糸及ヒ蚕種ヲ造レリ或ハ蚕種ヲ以テ三丹地方ニ行売セリ」とある。戸数55戸のうち45戸が繭と生糸を製造し、長浜に販売していた。また、従事した戸数は不明だが、蚕種紙(蚕の卵が糊付けされた台紙)9000枚余りを販売するため丹波・丹後・但馬(京都府と兵庫県の北部)へ行商に出ていた。

森は、県立第一中学校(現、彦根東高校)の第3学年を終了後、蚕業学校を前身とする長浜農学校に転入学した。明治39年(1906)3月に同校を卒業後、実家で蚕種の製造販売と農業を行い、蚕種同業組合長、東浅井郡農会長を経て、38歳で県会議員、47歳で衆議院議員となった。「蚕糸祭」の開始は、森が県会議員の時期にあたる。第二次世界大戦後も5期連続当選を果たした森は、昭和23年(1948)の第2次吉田茂内閣では国務大臣を、翌年の第3次吉田内閣では農林大臣を務めた。当時の滋賀県出身政党人としては最高位にあたる。

続いて、昭和29年(1954)には滋賀県の知事選に立候補して当選、二人目の公選知事となった。

また、伊香郡南富永村(現、高月町)生まれで、森よりも1歳年上

第1章　地域を支えた養蚕業

の山岡孫吉は、山岡内燃機（現、ヤンマー）を創業した。そして、森の生まれた竹生村の南、大郷村（現、長浜市）の出身者には、外交官の落合謙太郎がいた。東京帝国大学法科を卒業後、ロシアやフランスの大使館に勤務、明治38年のポーツマス講和会議に首席書記官として出席した人物である。先に少しふれた長浜の実業家、下郷傳平の息子2代目傳平の幼なじみだった西田天香（本名、市太郎）は、大正2年（1913）に長浜の修養道場一燈園を開いたことで知られる宗教家である。西田の転機は、明治26年（1893）に長浜の資産家たちが出資して興した北海道開拓事業会社の管理者として北海道に渡ったことに始まる。

もう一人、明治2年（1869）坂田郡大野木村（現、米原市大野木）に生まれた中川泉三は、実家で農業を営み、村会議員や郡会議員などの公職のかたわら、坂田郡の郡史を執筆した。大正2年（1913）に完成した『近江坂田郡志』は、東京帝国大学教授で当時歴史学の第一人者だった久米邦武が序文を寄せ、「今後、地方史を編もうとする者は、この本を見本とすべきである」という主旨の賛辞を表した。中川はその後も蒲生郡、栗太郡、愛知郡などの県内郡志（郡史）や長浜の町史編纂に活躍、多くの古文書にあたる実証的な記述と産業面を重視する姿勢は、専門研究者らの社会経済史にも大きな影響を与えた。生涯暮らした大野木村は、岐阜県との県境、今の東海道新幹線の関ヶ原トンネル入り口が位置する山間の地であるが、『滋賀縣物産誌』によると、戸数153戸のうち全戸が養蚕に従事し、うち15戸が製糸を行い、生糸を長浜に販売している。

養蚕で栄えた明治期の湖北は、政界、産業界などに多彩な人物を送り出してもいたのである。

31

2. 生糸を用いた製品

日本への養蚕の伝来と絹織物

養蚕の始まり

蚕は今から5000～6000年前に中国大陸で発見されたと考えられている。中国古代には4600年前に伝説上の帝王黄帝が蚕を飼育させたとされる。京都工芸繊維大学名誉教授で古代絹研究の第一人者だった布目順郎（1979）によれば、中国最古の養蚕関係の発掘物は、紀元前1200～前1300年の甲骨文の中の蚕桑文字と、青銅器に貼りついていた絹織物であり、紀元前4000～前3000年の遺跡から発掘された繭殻があるが、これは蚕とは別種のものである可能性が高いという。養蚕は長い間、中国以外の地域では行われなかったため、生糸や絹織物は東南アジア諸国やインド、西アジア、ローマ帝国などとの重要な交易品となった。

ユーラシア大陸の東西をつなぐ交易路が「シルクロード」と呼ばれる由縁である。シルクロードの中心地となる「ホータン王国」は、現在のインドの北、パキスタンの西に位置する中国の新疆ウイグル自治区にあたる。ホータン国は中央アジアの北の天山山脈と南の崑崙山脈に挟まれた広大なタリム盆地の南方、2500kmにも及ぶ崑崙山脈の北の麓にあり、西暦56年から1006年の間に存在した豊かな経済に支えられた仏教王国であった。崑崙山脈から流れ出る豊富な水は豊

第1章　地域を支えた養蚕業

かな農作物だけでなく、不老不死の霊力が備わるといわれる玉(艶のある石)も産み出してホータン国は繁栄した。

紀元前3〜2世紀、モンゴル高原南部から河西地方からホータン地方にかけて支配していた遊牧民族の月氏は、玉が中国の王侯遺族に競って求められていたことから、月氏によってホータン王国の玉を東の中国へ輸出し、月氏は中継ぎ貿易として中国からその見返りとして得た膨大な量の絹を以西の地方に輸出し、その絹ははるか西方のローマにまで及んだ。このように玉と絹の外交により東西交易が栄え、シルクロードが切り開かれたといわれている。その後、5世紀頃にはヨーロッパでも養蚕が行われるようになった。

蚕姫の伝説

また、「三蔵法師」の尊称で知られる唐代の僧、玄奘三蔵は、7世紀前半にインドへ求法の旅をし、その途中のようすを『大唐西域記』の中にホータンの絹や蚕にまつわる「蚕姫の伝説」を書き残した。

中国から持ち込まれた絹はホータンの人々を魅了していたが、当時、養蚕と絹の製法は中国人が独占した技術であったため、ホータン国では絹をつくることができなかった。ある時、絹の生産に使われる桑や蚕が東方の中国にあると聞いたホータン国王は、使者を東方の中国に送ってその技法を求めさせたが、中国の君主はこれを秘密にして使者に教えず、逆に、桑や蚕種を国外に出さないよう厳命した。これを聞いたホータン国王は一計を案じ、辞を低くして中国に公主(王女)との婚姻を申し入れた。ホータン国王は、公主を迎えに行く使者へ「我が国には、絹糸も桑もなく、蚕もいないので、自分で持ってきて服をつくるようにと公主に伝えよ」と命じた。公主はその言いつけを

守り、輿入れの際、桑と蚕種をこっそり自分の冠の中へ隠した。関所の役人たちは、公主の冠の中まで非礼をしなかった。おかげで公主は、国外不出の桑と蚕種を携えて無事に出国することができ、ホータン国の地に桑を植え、養蚕を行った。それ以降ホータン国では栽桑や養蚕が盛んになった。そこから、桑や蚕種が中国以外の地にも広まったという。

『魏志』倭人伝

古代中国で発達した養蚕は、いつ頃日本へ伝わったのだろうか。3世紀の倭国（日本）のようすを記した『魏志』倭人伝に、「禾稲・紵麻を種え、蚕桑緝績し、細紵・縑緜を出だす」というよく知られた記述がある。女王卑弥呼の邪馬台国の時代には、食糧の稲と衣料用の苧や大麻を植え、桑をエサに蚕を飼って繭から製糸・製織を行っていたことがわかる。「縑」は堅く織られた絹布、「緜」は繭からつくる真綿のことと考えられている。考古学の分野で、弥生時代の絹製品が出土した地は、現在まで福岡県や佐賀県など九州北部に限

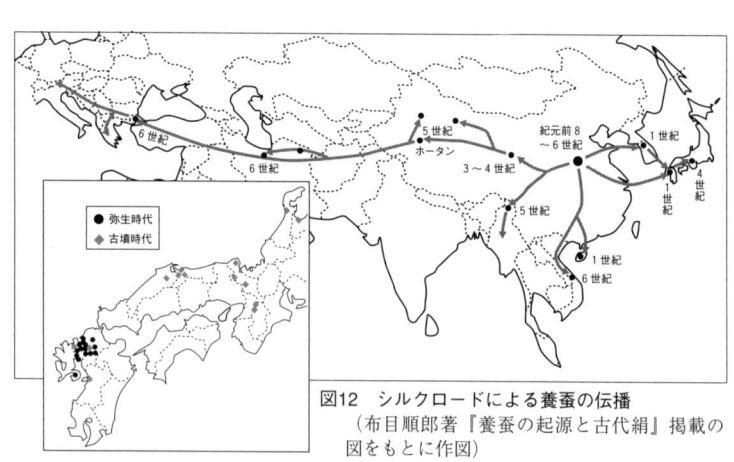

図12　シルクロードによる養蚕の伝播
（布目順郎著『養蚕の起源と古代絹』掲載の図をもとに作図）

図13　絹製品の出土地と時代（邪馬台国の会ホームページ掲載の図をもとに作図）

第1章 地域を支えた養蚕業

られているため、邪馬台国の所在地＝九州説の大きな根拠ともなっている。この時代の蚕は、出土した絹製品から、現在の主要飼育蚕品種の4眠性（幼虫：1〜5齢）と異なり、幼虫ステージが一つ少ない3眠性（幼虫：1〜4齢）であった可能性が高いとされている。

奈良時代には、絹織物が調（諸国の産物を納めた税）の対象となり、大蔵省の織部司や国衙の織物所が絹織物の生産を管理した。細い生糸を織ることは、自給用の原始的な機では不可能で、その技術は有力豪族や官営工房に限定されたからである。平安時代後期には、貴族や寺社が荘園内にある桑に課す「桑代」という税もみられ、絹織物の生産は貴族や寺社の衣料用として続けられていた。

中国からの輸入糸

室町時代から安土・桃山時代にかけては、日明貿易が盛んで、中国から生糸の輸入が激増した。国内産糸よりも輸入糸は優れており、京都で織られた高級織物の原糸にはほとんど輸入糸を用いるようになる。国内産糸は、越前など地方の絹織物産地で細々と使われ続ける時期が続いた。

江戸時代となってもこの状況は変わらず、唯一正式な国交があった朝鮮との貿易で輸入品総額の2分の1は中国産の生糸、4分の1はやはり中国産の縮緬や紗綾（平織の地に文様を織りだしたもの）などの絹織物が占めている。長崎に入港した中国船やオランダ船も大量の生糸と紗綾・綸子（糯子織りの一種で、滑らかで光沢がある）・縮緬などの絹織物を運んできた。この代価として、日本からは大量の銀、後には金と銅が流出したことはよく知られている。

そして、これら輸入糸の8割方は、京都西陣に送られた。国内の蚕糸業はもっぱら繭から真綿をつくり、丹後などの地方織物産地はくず繭や真綿から紡いだ糸を用いて紬を織っていた。

輸入制限

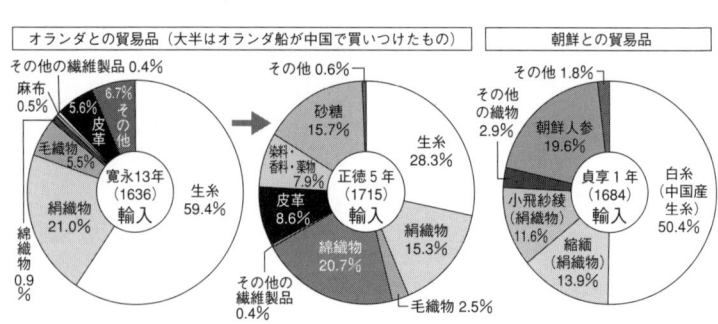

貞享2年(1685)、徳川幕府は鉱物資源の流出を食い止めるために、中国産生糸の輸入額に上限を定めた。衰退していた国内養蚕と製糸の復興は、これ以降のことである。輸入糸(唐糸と呼ばれた)の減少によって、西陣でも近江・美濃の国産糸(和糸)を唐糸に交えて織るようになる。元禄2年(1689)刊行の町案内書『京羽二重織留』によれば、西陣に国産糸を卸す和糸問屋が京に9軒あり、このうち4軒が江州浜糸(近江長浜産)を、5軒は美濃糸を主に仕入れていたという。

それでも、国産より品質が優るとして輸入生糸の需要は衰えなかったため、危機感を強めた幕府は、正徳3年(1713)、諸国に養蚕奨励の触書を出し、民間でも養蚕の技術書が出版されるようになった。8代将軍吉宗の時代、生糸国産化がさらに奨励され、享保10年(1725)頃には、西陣でも国産糸10に対し輸入糸1を交えて織る状況となる。国産糸には産地による等級があり、江州浜糸と美濃糸は上級とされ、浜糸の中でも西山糸(伊香郡西山産)が、美濃糸の中でも曽代糸(郡上郡曽代村産)が最上級とされていた。

図14 江戸時代の主要輸入品
（科野孝蔵著『オランダ東インド会社の歴史』、田代和生著『倭館』をもとに作成）
オランダからの輸入額は、輸入制限によって1715年は1636年の約2分の1に減っている。

オランダとの貿易品（大半はオランダ船が中国で買いつけたもの）

寛永13年(1636)輸入
生糸 59.4%
絹織物 21.0%
綿織物 0.9%
毛織物 5.5%
麻布 0.5%
その他の繊維製品 0.4%
皮革 5.6%
その他 6.7%

正徳5年(1715)輸入
生糸 28.3%
絹織物 15.3%
毛織物 2.5%
その他の繊維製品 0.4%
綿織物 20.7%
皮革 8.6%
染・香・薬料 7.9%
砂糖 15.7%
その他 0.6%

朝鮮との貿易品

貞享1年(1684)輸入
白糸(中国産生糸) 50.4%
小飛紗綾(絹織物) 11.6%
縮緬(絹織物) 13.9%
朝鮮人参 19.6%
その他の織物 2.9%
その他 1.8%

地方機業の発展

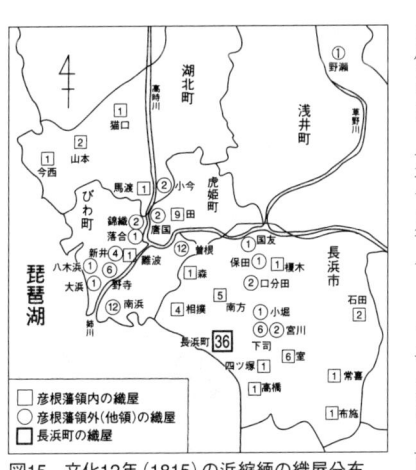

永らく京都西陣の独占状態にあった絹機業にも、地方の進出が起こる。安土・桃山時代（天正年間）に堺港にやって来た明の織工によって伝えられた縮緬の製織技術は、豊臣秀吉の頃に西陣の織部司に移された。元禄年間（1688～1704）に絵師が華麗な文様を描いた友禅染が流行、縮緬の需要が伸びるなか、縮緬の製織技術は外部にもらしてはならない秘事とされていた。

しかし、享保5年（1720）に丹波峰山（京都府）の絹屋の佐平次が西陣から縮緬の製造技術を盗み出して中野・竹野郡（同じく京都府）に伝え、2年後には加悦の絹屋の小右衛門と佐兵衛が与謝郡に伝えた。元文3年（1738）には、西陣の織工だった弥兵衛と吉兵衛が上野国（群馬県）の桐生に縮緬の織り方を伝えた。

そして、宝暦2年（1752）頃、近江国東浅井郡難波村（現、長浜市）の中村林助と乾庄九郎が、丹波の縮緬織工を雇い入れ、技術を村の女性や子供に教えて縮緬が織られるようになった。製品が京都の店に売り出されると、西陣の織屋が京都町奉行に販売禁止を求める訴訟を起こした。西陣側の主張が認められたため、林助と庄九郎は窮状を彦根藩に訴えた。宝暦9年（1759）、年貢として彦根藩に縮緬を上納し、これを彦根藩が京都

図15 文化12年（1815）の浜縮緬の織屋分布
（『長浜市史3』より）
図中の数字は、織屋の数を示す。

の商人に販売するという形をとることで、京都町奉行所を納得させた。長浜町は秀吉の時代以来、年貢免除地であったため、当初は彦根藩に納める形を受け入れなかったが、やがてこの統制を受けるようになり、湖北は縮緬生産の中心地となっていった。

成田思斎著『蚕飼絹篩大成』

長浜市相撲町に、江戸時代末期、この地に住んでいた成田思斎という人物の顕彰碑がある。思斎は、文化11年(1814)、『蚕飼絹篩大成』という上下2巻の絵入り解説書を著した。

養蚕技術・農家経営を合理的・科学的に説いた『蚕飼絹篩大成』は、自らの経験によるものか、序文で「養蚕が広まれば、洪水や日照りによる荒れ地は最上の桑畑に変わり、農家はおのずから裕福になっていく」と説く同書は、養蚕の諸作業、蚕の生育過程、蚕と桑の病気、縮緬の織り方、養蚕経営の収益計算、糸の販売法、国益との関係…と、まさに養蚕のすべてをわかりやすい言葉で記したものだった。それ以前にも多くの飼育指導書が出版されていたが、どれも難しく、誤った俗説なども多く含まれていたため、あまり役に立たなかったといわれる。

その後、思斎は琵琶湖岸の長浜城跡周辺に堆積した土砂でできていたヨシ原を開拓しようとして彦根藩のとがめを受けたために身を隠したらしく、関連する古文書などは地元にも何も残され

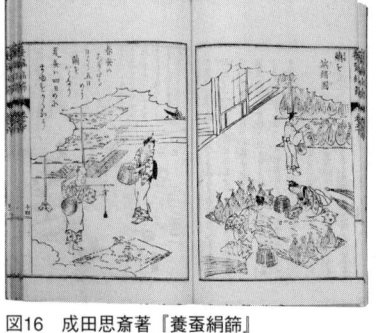

図16 成田思斎著『養蚕絹篩』
(『蚕飼絹篩大成』を改題、明治期に出版されたもの。長浜城歴史博物館蔵)

第1章　地域を支えた養蚕業

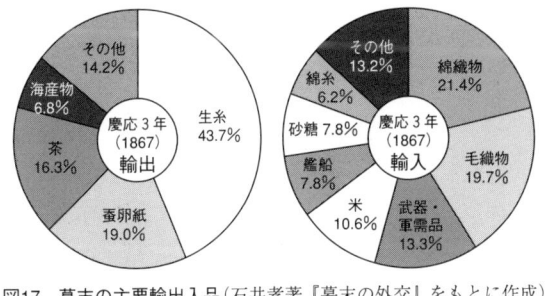

幕末日本の主要輸出品

図17　幕末の主要輸出入品（石井孝著『幕末の外交』をもとに作成）

慶応3年（1867）輸出
- 生糸 43.7%
- 蚕卵紙 19.0%
- 茶 16.3%
- 海産物 6.8%
- その他 14.2%

慶応3年（1867）輸入
- 綿織物 21.4%
- 毛織物 19.7%
- 武器・軍需品 13.3%
- 米 10.6%
- 艦船 7.8%
- 砂糖 7.8%
- 綿糸 6.2%
- その他 13.2%

ていない。

安政5年（1858）、大老、井伊直弼の決断によってアメリカ合衆国との間に貿易を認める日米修好通商条約が結ばれ、翌年には横浜、長崎、箱館が開港し、貿易が始まった。

しかし、当時、横浜港にいた商人の記録などによると、何が輸出品になるかもわかっていなかったらしい。それまでの横浜は、中国向け輸出品であるナマコを特産とする半農半漁の小さな村でしかなかった。後に生糸商として大成功したある商人は、開港直後には干し大根を外国人に売り込んで大失敗したという。欧米の貿易商により品定めで、生糸が最も需要があるとわかると、全国から押し寄せた商人が外国商館へ生糸の売り込みをかけ、生糸産地がかつてない活況を呈するようになる。

明治時代に入ると、新たに整備された近代天皇制は、水戸学の流れをくむ儒教的・中国的な規範が多く取り入れられたため、古代中国の周王朝に起源をもつ「農耕＝皇帝、養蚕＝皇后」を一対とした祭祀の形をとるようになる。明治4年（1871）には、昭憲皇太后が皇居内で養蚕を始めた。『日本書紀』に雄略天皇が皇后に蚕を飼うようにすすめたと書かれていること（これ自体、唐の制度をまねた記述）にならって明治天皇が行わせたもので、この「宮中御養蚕」は

重要な皇室行事として受け継がれ、現在も皇居内の紅葉山御養蚕所で皇后陛下が蚕（昔の品種の「小石丸(こいしまる)」）を飼育されている。皇居では毎年5月初旬の「御養蚕始の儀(ごようさんはじめのぎ)」から、7月初旬の「御養蚕納の儀」まで、約2ヶ月の間に蚕を飼育して繭をとる作業が行われる。昭和41年（1966）の歌会始めでは、皇后宮御歌として「夏の日に　音たて桑を　食(は)みゐる蚕ら　繭ごもり季節　しずかに移る」が披露された。

明治時代に話をもどすと、欧米諸国に対抗するため日本は、蚕病によって繭生産が壊滅した欧州諸国に生糸を輸出するために、フランスから生糸の器械製糸技術を導入した。明治5年（1872）に官営富岡製糸所（群馬県富岡市）が開設された。

その後、関東地方を中心に各地に器械製糸工場が設立され、生糸の生産が飛躍的に増加していった。明治期日本の貿易構造をみると、輸出産品の中で生糸が30～40％を占め、日本経済を支えていた。

明治17年（1884）、成田思斎の『蚕病絹篩大成』は、東京の出版社から『養蚕絹篩』と改題して出版され、各地の農学校でも教科書として用いられるなど、再び多くの読者を得ることになる。明治20年には、彦根城で開催された滋賀県蚕種繭生糸絹織物共進会の場で滋賀県知事の功績を賞し、次いで明治22年に京都で開催された2府15県連合共進会でも、農商務大臣井上馨(かおる)から追賞を受けた。このため、その顕彰運動が盛り上がり、先に述べた顕彰碑が建てられた。

器械製糸の技術はその後も発展し、明治27年（1894）には座繰糸の生産量を上回った。明治42年（1909）には約3倍に達し、中国を追い抜いて世界第1位の生糸輸出国となる。

第1章　地域を支えた養蚕業

湖北の養蚕関係の産物

蚕　種

　蚕種は、蚕の卵のことで、タネとも呼ばれる。その親の蚕を原蚕という。1枚当たり約10万個もの卵を産みつけさせた台紙、蚕種紙(タネ紙ともいう)の形で流通した。秋から冬にかけて業者が養蚕農家に売り歩き、代金は翌年に繭ができてからその量に応じて支払われる形だった。

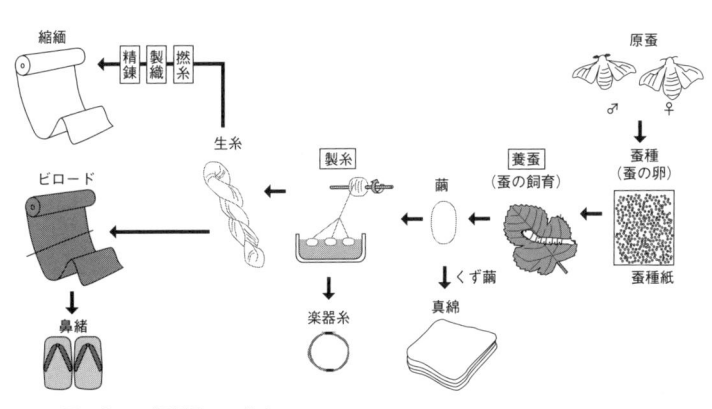

　日本では幕末にあたる1860年代、フランスやイタリアなどヨーロッパの養蚕国で微粒子病という蚕の伝染病が大流行した。伝染病におかされていない蚕種を必要としたフランスやイタリアは日本に蚕種の輸出を要請し、開港したばかりの横浜港からは毎年100万枚以上もの大量の蚕種紙が輸出された。1870年に病原体が発見され、予防法が確立すると、輸出は大幅に減少した。

　一方、輸出生糸は品質上の問題が多かったため、その向上と品種統一を目的に、蚕種製造は免許制となり、さらに

図18　蚕と繭から絹製品への流れ

優秀な原蚕種(原蚕の卵)を蚕種製造者に配布するため、都道府県単位で公立の原蚕種製造所(後の蚕業試験場)が設けられた。

繭

養蚕農家で、蚕の飼育は家の2階で行うことが多かった。2階は1階より温度が高くなることから、温度が低い早春や晩秋期に飼育しやすい。当時の家の2階には、蚕棚(さんだな)ともいう)という四隅に角柱を立て丸竹を横に架して段を設けた棚があり、そこに、蚕箔という飼育枠を差し込んで蚕を育てる。桑園から桑を収穫し、桑の葉を枝(条)からもいで、蚕に与える。熟蚕になったら蚕を藁族(族ともいう)に移し、繭をつくり始めてから約10日後に繭採りを行う。

繭を乾燥させ、繭を熱湯に浸けて座繰り繰糸機で糸を引く生糸生産を行ってきた。

ぼくが湖北の養蚕業の仕事に携わって最初に驚いたことは、湖北地域の人々は蚕のことを「お蚕さん」、「人」と呼ぶことだ。「昔、お蚕さんを家の2階で飼っていた」とか「この人(あるいは、この子)は赤い(熟蚕になっている)」とか、多くの人が蚕を擬人化していた。

明治時代、滋賀県内の養蚕農家でできた繭は、県下唯一の集散地だった長浜に集まった。高島郡の繭は今津港から、滋賀郡(現、大津市)の繭は和邇港から、琵琶湖上を太湖汽船の船で運ばれた。陸路では、近在からは大八車に積まれ、甲賀郡などの遠方からは汽車が用いられた。運び手の仲買人は最盛期には2000人を超えたといい、繭問屋の店頭には繭が山のように積まれた。

下郷傳平が父親の借金のために金になることならどんな商いにも手を出したという20歳前後の頃、「夏の燃えるような炎天の中、生繭を背負うて塩津坂(伊香郡西浅井町)を越えたときは泣きたくなる

第1章　地域を支えた養蚕業

ほど苦しかったのだろう」と後に回想しているように、繭の仲買は資格もいらずやろうと思えば誰でもできる仕事だったのだろう。明治末から大正期にかけて人気を得た小説家、近松秋江は、大正8年(1919)5月、比叡辻(大津市)の乗降場から観光船による琵琶湖めぐりに出かけ、朝7時に着いた長浜の町は、「肥料にする干魚の臭や繭の市場の臭ひのする中に商売に抜目のなささうな町の人間はもう夙に起き出でて、その日の業務に就いてゐる」と書き記している(随筆「湖光島影」)。翌年には県の指導で大正10年(1921)には、繭を乾燥させて保管する近江蚕業倉庫が長浜にでき、翌年には近江蚕業販売購買組合となる。

生　糸

絹糸とは、蚕が桑を食べて繭をつくるために吐く糸、そしてその糸を原料とする糸の総称をいう。そして、湯につけた数個の繭から取りだした糸をたぐって巻き取り、1本の糸にしたものが生糸、繭から生糸をつくる工程を製糸という。織物の肌触りをよくするために、生糸の表面を包んでいるセリシン(膠状の蛋白質)をアルカリ性の薬品で洗い落とす工程を精練という。また、繭を精練して、真綿にしたものから引き出して紡いだ太めで節のある糸を紬糸といい、この糸を用いた絹織物も同様の名で紬と呼ばれる。

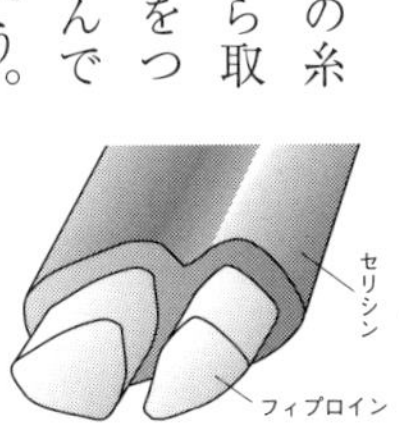

製糸法には、座繰り製糸と、蒸気機関などの動力を用い、イタリアやフランスの技術を取り入れた器械製糸がある。

長浜で近江製糸が操業した翌年にあたる明治21年(1888)、同じく近代的な器械製糸の工場として坂田郡醒井村(現、米原市)下丹生に大阪の住友吉左衛門(住友財閥)によって近江住友製糸場がで

図19　絹糸の断面構造

43

図20 座繰り製糸

図21 湖北にあった製糸場の外観と内部
①近江製糸（長浜市、明治42年頃）
②近江原製糸場（米原市、明治末期）
③近江原製糸場の内部（米原市、明治末期）
　以上3点とも、郷土出版社刊『目で見る湖北の100年』より

図22 「醒井製糸場」の生糸商標ラベル
　土方定一・坂本勝比古編、筑摩書房刊『明治大正図誌4横浜・神戸』より、原本：神奈川県立図書館蔵

第1章 地域を支えた養蚕業

きた。女工200人を雇い、生糸の8割は海外向けに出荷された。しかし、海外での市況の影響を受けて不振となり、明治36年(1903)に原弥兵衛が経営を譲り受け、近江原製糸場と改称された。地元では「醒井製糸」と呼ばれたという。横浜に残されていた輸出生糸に貼られた商標(ラベル)の中に、「SAMEGAI(醒井)」「FILATURE(製糸場)」と書かれたものがあり(図22)、これは近江原製糸場産と思われる。

当時の繭は、長浜や彦根の製糸場に送られる以外に、養蚕農家や養蚕農家以外の家で女性が座繰りで製糸して生糸にするものも多かった(図20)。

国内養蚕の衰退から、海外向けの生糸の輸出は昭和50年(1975)にゼロになり、一方、昭和37年(1962)に始まった中国などからの輸入が年々増加していった。現在、日本が輸入している生糸の大半は中国産とブラジル産で、精錬と撚り加工をほどこした絹糸も中国、ベトナム、ブラジルから輸入されている。

浜縮緬

現在、「浜縮緬の町、着物の町」長浜を最も印象づけるのは、毎年10月から11月頃、きらびやかな着物姿の女性1000人余りが市内を散策して、大通寺境内に集合する「長浜きもの大園遊会」だろう。昭和58年(1983)に長浜城天守が再興されたのを記念して始まった「長浜出世まつり」の催しの一つとして、翌年の第2回から行われている。

湖北の絹製品を代表する浜縮緬は、絹白生地の最高級品として

図23 きもの大園遊会
(社団法人びわこビジターズビューロー提供)

知られている。縮緬は、織るさいの緯糸に1m当たり3000～4000回もの強い撚りをかけた糸を用い、精錬後、表面にシボ（細かい凸凹）を生じさせたものである。京都や加賀に販売されて、友禅染がほどこされる。精錬技術がすぐれ、染めつきがよいので、友禅染の職人には浜縮緬にこだわる人も多い。

昭和30～40年代の経済成長期には高級品を買う人が増えて、需要が増加したが、昭和47年（1972）をピークに生産量は減少、和服離れなどの影響で厳しい状況が続いている。

図25に示したとおり、現在も長浜は日本の主要な生糸消費地の一つであるが、県内産の生糸は昭和60年（1985）ごろに1％以下まで低下、現在は全量を県外産と輸入生糸に頼っている。

なお、「きもの大園遊会」の参加者や成人式の女性の多くが着ている振袖の素材は大部分が紋織物で、無地の浜縮緬はあまり使われていない。浜縮緬の使用先としては、黒留袖や喪服などのフォーマルものが大きな割合を占めるが、近年結婚式で仲人を立てない傾向が進み、仲人の妻側が着る黒留袖

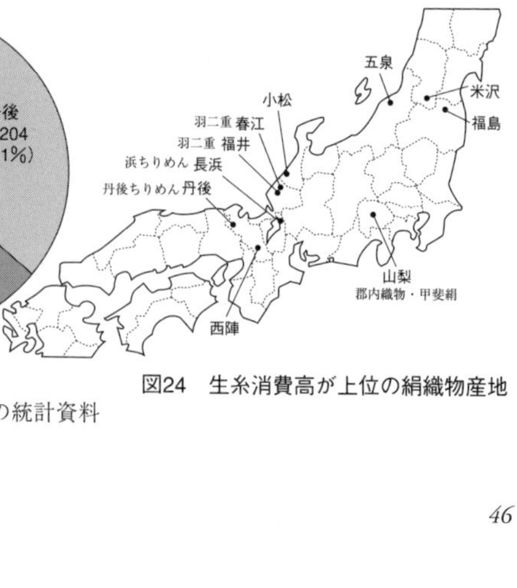

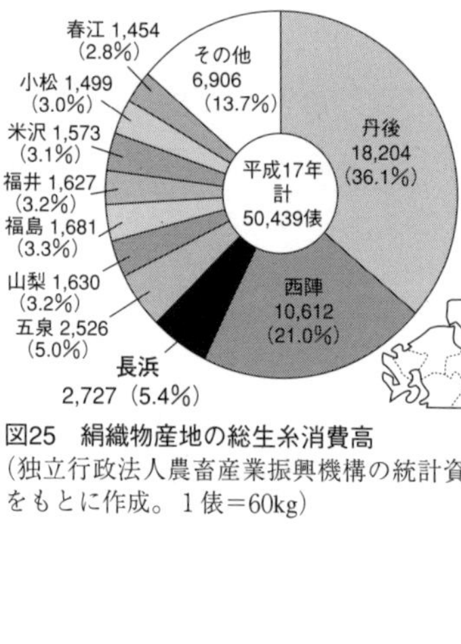

図25 絹織物産地の総生糸消費高
（独立行政法人農畜産業振興機構の統計資料をもとに作成。1俵＝60kg）

平成17年計 50,439俵
丹後 18,204（36.1％）
西陣 10,612（21.0％）
長浜 2,727（5.4％）
五泉 2,526（5.0％）
山梨 1,630（3.2％）
福島 1,681（3.3％）
福井 1,627（3.2％）
米沢 1,573（3.1％）
小松 1,499（3.0％）
春江 1,454（2.8％）
その他 6,906（13.7％）

図24 生糸消費高が上位の絹織物産地

五泉　米沢　福島　小松　羽二重春江　羽二重福井　浜ちりめん長浜　丹後ちりめん丹後　西陣　山梨 郡内織物・甲斐絹

46

第1章　地域を支えた養蚕業

の売れ行きが落ち込むといった影響が出ている。

ビロード　ビロードはポルトガル語で、英語ではベルベットといい、表面が短い毛羽、輪奈（パイル：糸を丸く輪状にした部分）でおおわれた絹織物である。財布や帽子、和装の袋物などに用いられる。

江戸時代初期にポルトガル人が日本へもたらしたビロードは、17世紀末には国内でも盛んに生産されるようになった。長浜へは西陣から伝わったとされ、彦根藩が特産品に指定して奨励したこともあって、縮緬と並ぶ長浜の絹織物として発展した。

織るさいには、先に精錬と染めをほどこした糸を用いる。ビロードには、緯糸とともに太さ1㎜の針金を織り込み、裏面に糊をつけて乾かしてから、針金にそって小刀をひき輪奈を切る毛切りビロードと、タオル地のように針金をぬいてパイルを残す輪奈ビロードがある。

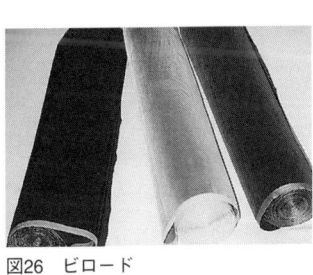

図26　ビロード

明治38年（1905）に設立された近江ベルベット合名会社のように工場をつくる例もあったが、多くは農閑期の家内工業として、妻が織りを、夫が針切りを担当する形で小規模に生産されつづけた。

現在は、長浜市内に数軒の製造業者が残っているだけである。

鼻緒　独特の感触が好まれ、大阪や名古屋などで長浜産のビロードを用いた下駄や草履の鼻緒（花緒）がつくられるようになった。

裁断したビロード地を筒状に縫いつけて、中に麻縄などでできた芯を入れたものである。

昭和初期、長浜自体でも鼻緒の生産が始まると、農閑期の内職として広がり、戦後まもなくの頃には、全国生産の8割を占めた。浜縮緬の需要が増した昭和30年代が、ビロードとそれを用いた鼻緒も最盛期だった。

真綿　製糸ができない屑繭（くずまゆ）を長時間煮てセリシンを落としてから、木枠（きわく）にはめて乾燥させたものが、真綿（まわた）である。丈夫で軽く、保温力が高いため、防寒用衣類などの原料になる。

坂田郡での真綿生産は、江戸時代に始まった。宝暦年間（1751～64）に坂田郡岩脇村の69名が彦根藩の許可を得て組合を結成、規約を作製していたという。

明治初期、『滋賀縣物産誌』の記録では、坂田郡岩脇村（現、米原市岩脇）の製造農家は80戸、産出量は1055貫（約4t）となっている。その東にある同郡多和田村（たわだ）は、製造農家が15戸、産出量は1898貫（7t余り）と岩脇村を追い抜いている。両村とも、京都・大阪方面に販売した。

少量ながら副業として製造する農家は多かったため、滋賀県内の製造戸数は、昭和元年（1926）には8400戸、総量54t余りで全国生産量の2割弱を占めた。昭和12年、日中戦争が始まると、極

図28　真綿

図27　ビロード製の鼻緒をつけた下駄

第1章　地域を支えた養蚕業

寒の満州で兵隊が用いる防寒防弾用物資として軍に買い上げられるようになり、作業場の建設まで国費の助成で行われた。生産農家は200戸程度に減少したものの敗戦までずっと年産150t以上を記録する盛況となる。

戦後は、需要減と繭の減産で年産20～30tで推移した。昭和36年（1961）に中国からの真綿輸入が始まって市価が一時的ながら急落したため、廃業する業者が増えるなか、多和田と岩脇では生産が続けられた。

唯一、現在も真綿製造を行っている米原市多和田の近江真綿振興会は、原料繭は愛媛県から仕入れ、機械化ができない真綿布団の製造販売などもてがけている。

特殊生糸

木之本町の大音・西山地区や浅井町（現、長浜市）の草野川沿いの野瀬・鍛冶屋地区では、良質の特殊生糸が生産されてきた。昭和30年の中頃までは村の7割が生糸の生産に携わっていた。他府県からの働き手も多いときには200人を数え、琴糸や三味線糸をつくる撚糸業者も5軒が稼動し、全国各地へ活発に卸していた。

特殊生糸ができるまでの工程を、一般の生糸との違いを示しながら以下に説明する。

特殊生糸は、一般の生糸の場合と異なる繭の乾燥法をとる。絹糸は2種類の絹タンパク質、フィブロイン（芯にあたる部分）とセリシン（芯をおおう部分）からできているが、特殊生糸は一般の生糸では不要なセリシンが製品の命となる。絹糸に撚りをかける時に必要なセリシン部分の変性を抑えて繰糸の時の粘着性を極力落ちないように繰糸する必要がある。もちろん生乾燥の状態なので、長期間の

① 乾燥

合を80％程度とし、繭の中の蛹を燻り殺す程度にさえないように抑える。

繭保存は不可能となる。この乾燥状態が原糸生産の品質を左右する要素となる。

特殊生糸用の繭乾燥は、代表者の敷地内の片隅に設けた1・5m幅ほどの木枠土壁でできた棚式乾燥室で行われる。そこに生繭を敷き詰めた木枠を7～8段差し込み、目安として炉の中にツバキの葉を入れて、ちょうど葉がバリバリになるまで乾燥させる。乾燥作業は一定温度で殺蛹する必要があるため、気を使う作業となる。

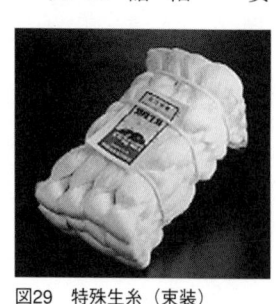

乾燥時には繭中の蛹が苦しんでカサカサと音を立てるため、関係者はお蚕さんの命の大切さを痛切に感じ、毎年必ず竹生島の宝厳寺での「蚕糸祭」の蚕霊供養に参詣している。

② **貯繭**　特殊生糸用繭は殺蛹するだけの生繭に近い繭であるため、繭を乾燥してから短期間で一気に繰糸しなければならない。乾燥後はカビが生えたり、ヒメマルカツオブシムシなどの害虫に食われないように繰糸まで貯繭室で温湿度を調整しながら保存する。昔は練炭火鉢で高温保存していたが、近年は空調機が用いられ湿度を下げて18℃程度で保存している。

特殊生糸生産は、特にセリシンの含有量が多く、品質がよい春繭を中心に用いられてきた。これは、特殊生糸生産において、清水と良繭の両方が必要であることを物語る。

③ **座繰り繰糸**　繰糸は木製の簡易座繰装置機（高さ140㎝、幅70㎝、釜台の高さ60㎝程度）で昔ながらの手作業で行う。

煮繭は、集落内の湧き水である清水を入れた釜を熱して70～80℃程度に湧かした高温のお湯の中

図29　特殊生糸（束装）

第1章 地域を支えた養蚕業

に繭を入れて煮る。30秒ほどで繭の表面のセリシンが少し溶け出してくるので、柔らかくなった繭を、引っかかりの棘が多くある稲穂でつくった手ぼうきでなでる。引っかかった繭表面の糸を引っ張り出し、繭の糸口（1本につながった絹糸の端）を探す。決められた太さになるように、所定の繭の個数の糸を同時に繰糸する必要がある。一つの繭の糸が繰糸途中でなくなったり、切れたりすると、あらかじめ糸口を探して端に準備していた繭の糸を追加しながら、一定の太さの特殊生糸を木製の小枠に巻きとる。続いて、小枠に巻き取った糸を大枠にはずし1束ずつ束装し、邦楽器糸などの原糸となるセリシンがたっぷり付着した特殊生糸が完成する。

一人で1日に15個程度の小枠が巻き上げられる。

1束400匁（1.5kg）の単位にそろえる。最後に大枠からはずし1束ずつ束装し、邦楽器糸などの原糸となるセリシンがたっぷり付着した特殊生糸が完成する。

図30（上）特殊生糸の生産では、今も座繰りが行われている（下）繭を浮かしたまま糸を引く「浮き繰り」

一度に繰糸する繭数は目的繊度によって異なるが、三味線三の糸などの細物では7～8粒、三味線二の糸で太細物では12～15個、三味線一の糸や琴糸などの太物で15～18個を同時に合わせて繰糸する。

座繰り繰糸では、生繭を浮かしたまま糸を引く「浮き繰り」を行う。一方、一般の機械繰糸では乾繭を沈めて繰糸する「沈み繰り」を行うのが普通である

51

る。浮き繰りでは糸にあまり張力がかからないため、楽器糸で必要となる糸の弾性を保つことができるが、沈み繰りだと湯の抵抗力に繰り糸が引っ張られ、特殊生糸に求められている糸の持つ弾性が失われる。楽器糸の原糸生産では浮き繰りを行うことが条件となる。

また、機械繰糸のように沈み繰りで繭が沈むのは、煮繭を十分行うためにシルクのセリシンタンパク質の溶脱も進める。特殊生糸の座繰り繰糸の場合は、煮繭を釜の中で同時に短時間で行うため、繭に水分が十分浸透せずお湯に浮いた状態のままとなる。

特殊生糸が座繰り機でないと繰糸できない理由は、この説明でおわかりになったと思う。楽器糸は張力と活きたセリシンの付着量が重要となるのだ！

邦楽器糸

前述した特殊生糸を原料として、木之本で邦（和）楽器用の弦が製造が開始されたのは、明治末期である。それ以降、木之本は琴や三味線の糸（弦）生産の本場となり、現在は全国生産高の5～6割、特に三味線糸では7割が生産されている。

琴糸あるいは三味線糸は、前述の「特殊生糸」が原糸になる。これを何本も合わせ目方を計りながら太さを整え、強い撚りをかけていく。琴や三味線に使う質の良い邦楽器糸が生産するには熟練の技を必要とする。ここでつくられる弦糸は、全国各地や三味線町木之本の丸三ハシモト株式会社では、昔ながらの手法で、琴や三味線に使う質の良い邦楽器糸が生産されている。邦楽器糸を生産

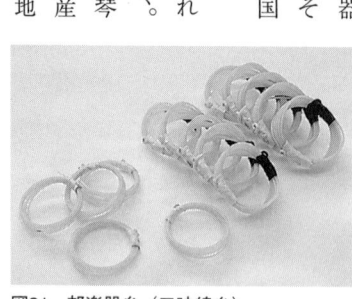

図31　邦楽器糸（三味線糸）

52

第1章　地域を支えた養蚕業

図32　蚕の絹糸腺

人造テグス

の数多くの演奏家に愛用されている。

釣り糸などに用いられるテグスは、漢字で「天蚕糸」と書き、ヤママユガ科に属する楓蚕、樟蚕、樗蚕などの大型の蛾の絹糸腺からつくられる。「天蚕糸」と書いたのは、天蚕（ヤママユ）の近縁種の絹糸腺を使用したという意味であろう。釣り糸には、馬の尻尾の毛や麻糸・木綿糸なども使われたが、最良とされたのがテグスである。

中国南部の江西省・広西省辺りで、飼育した楓蚕から生産され、幕末の頃から日本の淡路島（現、兵庫県）で表面の磨き加工が行われてきた。繭をつくる直前の楓蚕の体内から取りだした絹糸腺（液状の絹が貯蔵されている器官）を3～4％の酢酸に数分間ひたしてから、両手で引き伸ばし、表面を洗って乾燥させる。昭和12年（1937）の時点で、淡路島にはテグス磨き業者は60軒あり、生産額は約100万円にのぼっていた。

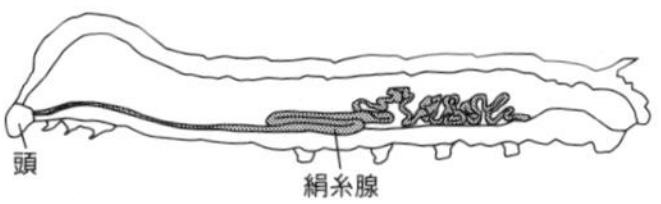

中国産楓蚕テグスは、数が限られ価格も高かったので、普通の蚕の絹糸腺を用いたテグスもつくられたが、作業工程は同じで手間がかかるため生産性が低かった。そのため、東京の黒田栄助は蚕の糸数本を束にして撚りをかけ、表面にゼラチンをかけて凝固剤で固めた人造テグスを開発、明治36年（1903）に発売した。販路が拡大したため、東京の工場では手狭になった黒田は、大正11年（1922）、滋賀県の伊香郡木之本町木之本に工場を新設し、合名会社丸二テグスを創立した。JR木ノ本駅近くには昭和2年（1927）築の洋風の外観をした旧社屋が保存されている。事業の発展にともない、昭和9年には株式会社化、販売の重点を主に海

外に置き、アメリカ、フランス、オーストラリア、スウェーデンなどに進出した。まもなく戦争により輸出は途絶するが、戦後にはアメリカへの輸出が再開され、昭和25年（1950）ごろで従業員数55人、年間生産高7500kgとなった。その後、登場したナイロンテグスなどによって市場を奪われるが、丸二テグスは釣り糸メーカーの老舗として現在も経営を続けている。

人造テグスは、国内消費よりも輸出が多く、釣り糸以外にテニスやバドミントンに用いるラケットのガットや洋楽器の弦、医療用縫合糸などにも使われた。

3. 滋賀県の養蚕関係機関

湖北を中心としたその変遷

ここで、県が現在の長浜市域を中心に県内に設けた養蚕関係の機関の概要と、それらの時代にともなう変遷を振り返っておく。

蚕種検査所

まず、明治30年（1897）、蚕種検査法の施行にともない滋賀県蚕種検査所（後に蚕業取締所と改称）が長浜町にできた。これが養蚕に関する公的な機関の最初である。養蚕農家に対する蚕の病気予防の指導や、蚕種（蚕の卵）を製造する業者に対する免許事務、繭と蛾の検査、害虫駆除の指導や講習も行った。

明治45年ごろ、蚕業取締所と改称してからの所内を写した写真が1枚残されている。70～80名はいるだろうか、女性職員が顕微鏡をのぞいている。これは先に養蚕の歴史の部分で述べたが、ヨーロッパの養蚕に大打撃を与えて最も

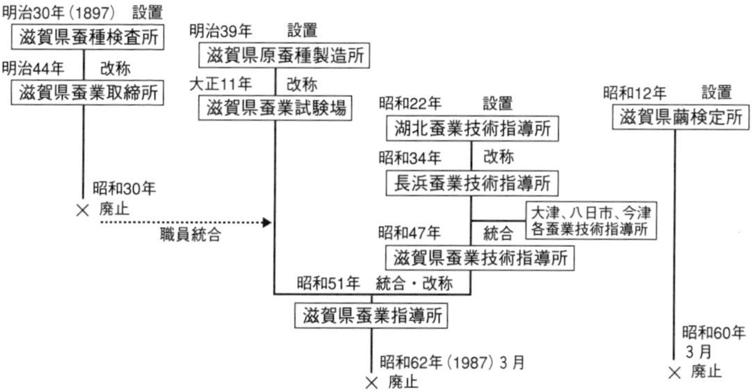

```
明治30年（1897） 設置
  滋賀県蚕種検査所
明治44年  改称
  滋賀県蚕業取締所
                          明治39年  設置
                            滋賀県原蚕種製造所
                          大正11年  改称
                            滋賀県蚕業試験場
                                                  昭和22年  設置
                                                    湖北蚕業技術指導所       昭和12年  設置
                                                  昭和34年  改称             滋賀県繭検定所
                                                    長浜蚕業技術指導所
            昭和30年                                昭和47年  統合   大津、八日市、今津
            ×廃止                                    滋賀県蚕業技術指導所   各蚕業技術指導所
                    職員統合
                                                  昭和51年  統合・改称
                                                    滋賀県蚕業指導所
                                                                            昭和60年
                                                                            3月
                                                  昭和62年（1987）3月       ×廃止
                                                  ×廃止
```

図33　滋賀県の養蚕関係機関の変遷

恐れられた蚕の病気、微粒子病に母蛾が感染していないかを調べているところである。

微粒子病は、原生動物の一種である微粒子病原虫が動物の細胞に寄生するもので、感染した蚕は、発育が遅れて脱皮の前後に死んでしまう。蚕の幼虫が出した糞の中にふくまれる胞子が桑の葉について、これを食べた幼虫が感染してしまうほか、母蛾から卵を通してその子にも感染する。そのため、母蛾を乳鉢ですりつぶして、その体液に病原の胞子がふくまれていないかを顕微鏡で観察する作業が欠かせない。陽性であれば、その母蛾が産んだ卵はすべて廃棄する。

原蚕種製造所

次いで、蚕種製造業者に対して原蚕種（普通の蚕の親になる蚕の卵）を供給する機関として、滋賀県原蚕種製造所（後に蚕業試験場と改称）が東浅井郡大郷村曽根（現、長浜市曽根町）に設けられた。前節の「蚕種」の項で述べたとおり、生糸の品質向上と蚕の品種統一を目的としたものである。

明治末、蚕種製造に大きな画期が訪れる。明治39年（1906）に国立原蚕種製造所の外山亀太郎が、一代交雑種（F_1 ハイブリッド）の利用を唱えたのである。これは、ある組み合わせの雄と雌それぞ

図34　滋賀県蚕業検査所（左）外観、（右）蚕業検査所内での微粒子病の検査風景（長浜市、明治末期、明治45年に蚕業取締所と改称）

第1章　地域を支えた養蚕業

れ違った品種の親をかけあわせて生まれた雑種は、孵化（ふか）の時期がそろい、幼虫は丈夫で育ちが速く、繭も大きいなど両親のものよりも優れた形質をもつというもので、これは遺伝的な隔たりがある日本在来の品種と中国在来の品種をかけあわせる研究の中で証明された。

これを受けて、国は一代交雑種の組み合わせを示した告示を大正3年（1914）に行い、滋賀県の原蚕種製造所が供給する原蚕種の品種も、それまで行われていた日本種の数品種を配る形から、大正5年以降は、「日2号×欧3号」「日1号×支11号」（日は日本産、欧はヨーロッパ産、支は中国産というように別系統の2品種を数セット用意する形に変わった。それぞれの原蚕品種は、国立蚕業試験場から配布された。この効果は絶大で、繭の生産効率は昭和初期に大幅に向上した。一方、昭和7年（1932）には、それまで品種の混乱なども起こしていた民間業者による品種の育成は禁止され、すべて県から国の指定品種を配布することになった。

また、原蚕種系統を維持するため、原蚕と普通蚕は同じ建物内で飼育してはいけない、同じ原蚕の品種でも母蛾が同じグループ別に育てなければならないなどの規定も加わり、原蚕の飼育には広い飼育場と多大な労力が必要となった。このため、滋賀県では、県内の高島郡や伊香郡、そして静岡県などにも飼育分場や桑園を設けて対処した。

こうした中、大正11年（1922）に滋賀県蚕業試験場と改称され、坂田郡六荘村平方（ろくしょうひらかた）（現、長浜市平方町）に移転し、原蚕種配布以外の業務として、交雑種の試験、蚕や桑樹の病害虫に関する試験研究、蚕種の人工孵化法、桑樹の仕立て法などに関する試験、養蚕技術者の教育などが行われた。

繭検定所

養蚕農家でできた繭の取引は、製糸農家や製糸工場が直接買い入れる、仲買人が買い集めたものを製糸業者に売る、繭市場に出されたものを繭問屋が買うなどの方法があった。繭の価格は、見本繭を調べた簡易な品質評価で決められていたが、養蚕農家側がその評価に不満をもつ場合もあり、第三者による公正な検定を求める声も多かった。

一方、国や県でも、輸出用糸の品質向上のために、蚕品種の統一とあわせて、繭の検定を実施する必要が高まっていた。大正11年、埼玉県は県の原蚕種製造所に製糸部を設けて、繭の糸量と解舒（湯で煮た際の繭糸のほぐれ度）の検定を行った。

大正15年9月（1926）、滋賀県は、繭鑑定規程を公布した。これは、乾繭取引の際、養蚕農家の依頼があれば、県の蚕業試験場が選除繭歩合（屑繭として取り除かれる繭の割合）、生糸量、解舒、繭糸繊度の4項目を調べるというもので、繭取引の公正化に大きな役割を果たした。

そして、昭和12年、繭の品質を調べる専門の機関として、滋賀県繭検定所が長浜町南呉服に設けられた。その3年後の昭和15年には国が産繭処理統制法を公布し、すべての国内産繭が全国一律の基準にしたがって検定されるようになった。

繭検定所の内部は製糸工場のようにたくさんの繰糸機が並び、30〜50名の女性職員が繭を繰った。そして、繭が7階級（昭和36年以降は5階級）に格づけされた。

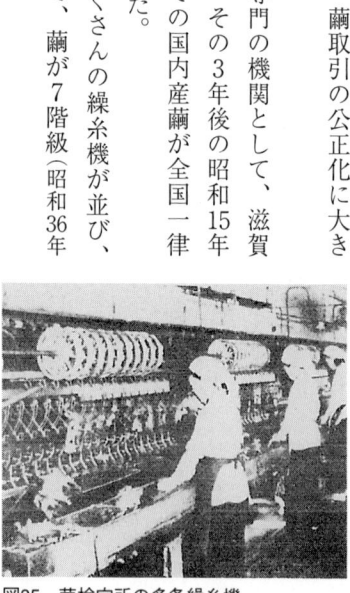

図35　繭検定所の多条繰糸機

第1章 地域を支えた養蚕業

養蚕農家の減少にともない、繭検定所は昭和60年（1985）3月で廃止され、繭検定業務は岐阜県へ委託されるようになった。

蚕業指導所

第二次世界大戦後には、戦後経済復興の一環として国が蚕糸業振興5ヶ年計画を樹立し、養蚕農家に対する技術指導の強化を目的に蚕業試験場に所属する蚕業技術指導所が県内各地に設けられた。同指導所は、その後の養蚕の衰退によって昭和47年（1972）に長浜の1ヶ所に統合され、間もなく蚕業試験場との統合により、滋賀県蚕業指導所が誕生した。

この蚕業指導所も、昭和62年（1987）3月をもって廃止され、蚕業試験業務と蚕業指導業務は木之本町にある滋賀県農業試験場（現、滋賀県農業技術振興センター）湖北分場に引き継がれた（指導部門は県庁の駐在）。養蚕に関する独立した機関は姿を消したのである。

養蚕に関する研究

明治末からこれらの機関では、原蚕種の成績や桑の栽培法についての試験研究が続けられていた。昭和40年代後半から50年代にかけてでは、作業の省力化のための稚蚕人工飼料育や、水田に対して行われていた航空防除の薬剤が蚕と桑に与える影響などを試験研究した。

輸入生糸におされて国内養蚕が衰退する一方、昭和50年代後半

図36 **蚕業試験場** （左）桑園　（右）化学実験室

になると、中山間地に自生する広葉樹林を使用した天蚕繭の生産技術を開発してほしいという要望が高まっていった。蚕業指導所では、昭和57年から蚕と桑に加えて、天蚕飼育技術とその飼料樹であるブナ科植物、すなわちドングリの木の栽培に関する試験研究も行われるようになった。

そして、ぼくはこの本のテーマに関わる「天蚕食樹、ブナ科*Quercus*属 spp.の加害昆虫調査と防除法」という試験研究に取り組むことになる。わかりやすく言い直せば、天蚕の食べ物であるブナ科植物（クヌギ、アベマキ、コナラ）を食べる害虫の防除試験である。もう少し解説すると、「*Quercus*属」はコナラ属、「spp.」は複数の種の意味で、ブナ科コナラ属の数種類のドングリの木の害虫種と生態、そして、それらの防除法について調べたということである。

ドングリの木を食べる虫

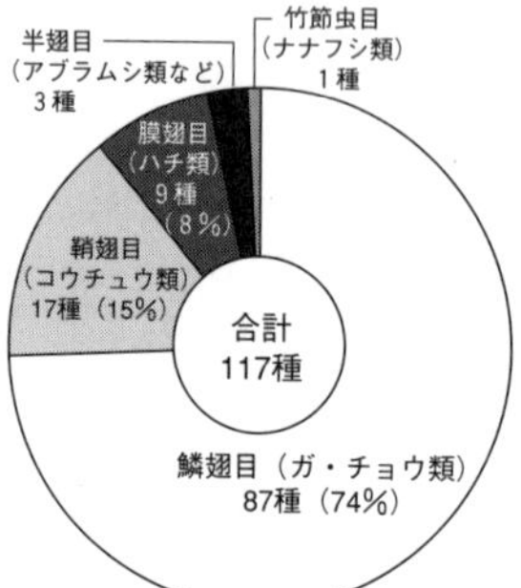
竹節虫目
（ナナフシ類）
1種
半翅目
（アブラムシ類など）
3種
膜翅目
（ハチ類）
9種
（8％）
鞘翅目
（コウチュウ類）
17種（15％）
合計
117種
鱗翅目（ガ・チョウ類）
87種（74％）

図37　天蚕飼料樹（クヌギなど）についた害虫の割合

害虫調査は、長浜市と東浅井郡浅井町（現、長浜市）の天蚕飼育栽培林、浅井町と坂田郡伊吹町（現、米原市）の境にある七尾(ななお)山の自然林で行った［23ページの図4参照］。採集した幼虫を同定した結果は、円グラフのとおりだった。仕事の片手間に数年間調査したものをまとめたものであったが、なんと天蚕飼料樹であるクヌギなどドングリの木は１１７種もの害虫に加害されていることがわかった。その中でも、ガとチョウの仲間である鱗翅目昆虫が74％と大半を占めた！

この当時は、ドングリの木には多くの害虫がいるのだなあぐらいにしか思っていなかったが、この調査こそが、第３章での考察につながるきっかけとなる。

第2章 家蚕と天蚕（カイコとヤママユ）

クヌギの葉に擬態する天蚕幼虫

1. 家蚕（カイコ）

絹糸を吐くガ類

科学が進んだ今日でも、蛾の繭からつくられた絹糸を使用した着物やネクタイなどがつくられている。蛾の幼虫がつくる絹糸と人工繊維は、現在の科学をもってしても製造不可能なのである。人に利用されてきた絹糸虫の代表はカイコガ科に属するカイコガ、一般には蚕、または家蚕と呼ばれている。

家蚕に対して、同じ仲間で野蚕と呼ばれている絹糸虫がいる。それに対して野蚕とは「野外で生息する野生の蚕」という意味がある。家蚕とは「家の中で飼育する蚕」、野蚕と呼ばれている絹糸虫類には、柞蚕、樟蚕、神樹蚕、与那国蚕などヤママユガ科（次節参照）に属する蛾の仲間が多く、その代表的なものとして、緑色の美しい繭をつくる天蚕（ヤママユ）がいる。

蚕は天の虫と書き、古代から人によって利用されてきた。

分類学上の位置づけ

まず、蚕の分類学的位置づけについて説明しよう。蚕は、科学的に言えば、動物界、節足動物門、昆虫綱、鱗翅目、ヤガ科、カイコガ亜科、ボンビックス属に属する種、カイコガとなる。鱗翅目は、ガとチョウの仲間をいい、蚕はガの仲間である。亜科名のカイコガ亜科には、蚕の祖先種だとされ、蚕と別種に扱われているクワコが含

第2章　家蚕と天蚕（カイコとヤママユ）

図39　カイコガの成虫

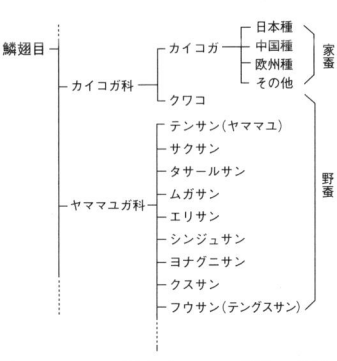

図38　カイコガ科とヤママユガ科の分類

まれる。種の学名は、*Bombyx mori* Linnaeus である。最初の *Bombyx*（ボンビックス）が属名、真ん中の *mori*（モリ）が種名、最後の Linnaeus（リンネウス）は命名者で、動植物を属名と種名で表す分類法を確立したスウェーデンの博物学者リンネ自身が名づけたことを意味する。学名は、ラテン語やギリシャ語から引用される場合が多いが、ラテン語で「bombyx」は「蚕」、「morus」は「桑」という意味になる。すなわち、蚕の学名 *Bombyx mori* は、「桑の蚕」を示す。

また、カイコガは俗称として、蚕、家蚕、カイコとも言われている。これらの俗称はガである成虫ではなく、イモムシである幼虫を示す場合が多い。

成虫の特徴

蚕の成虫の体と翅の色は純白で、体表の鱗毛はふわふわしており、腹は太く全体にずんぐりむっくりしている。口絵カラー写真のとおり、顔面には大きな黒色の複眼があり、一見サングラスを掛けたように見え、頭頂の両サイドからはえる触角は櫛の歯状で広く大きな耳のように見える。

チョウは一般には日中、大空を自由にヒラヒラ、テフテフ

と飛ぶ。一方、多くのガは夜間に街灯など光源に向かって飛び集まる。皆さんはご存じだろうか。蚕の成虫は羽ばたくことはできない。蚕は人によって家畜化され、大きな良質な繭を生産することを育種目標に改良されてきた。長年かけて選抜、交雑を繰り返していくうちに飛べないガになってしまったのである。さらに蚕の成虫は口吻（こうふん）が退化していて、何も食べることができない。この口吻の退化は人為的な改良ではなく、本種が属する科の特徴である（第5章2節を参照）。

このように、蚕は羽化して成虫になると普通のガやチョウのように飛ぶことができず、さらに何も食べることができない。彼らは、羽化直後すぐに交尾し、命が絶えないうちに産卵して、子孫を残すことが最大の使命となる。

この話を聞くと、「蚕は一生懸命に桑の葉を食べてようやく大人になったのに、ガは飛べない、食べられないなんて、なんとはかない人生（虫生？）なんだ」と考えてしまう人も多い。

蚕 の 祖 先

豚の祖先は猪（いのしし）である。人が猪を改良して家畜化したのだ。猪の肉は美味で、鹿とともに貴重なタンパク源の食料として人々に利用されてきた。人口が少なかった昔は猪を飼い慣らして繁殖させた。さらに、人口が増加し、食料の確保、安定供給が要求されるようになって以来、家畜化するための猪の改良が始まった。このように猪は人によって家畜化されて現在の豚へと改良された。

また、犬の祖先は狼（タイリクオオカミ）だとされている。1万5000年前、東南アジアで狼を家畜化して犬に改良したという。

64

第2章　家蚕と天蚕（カイコとヤママユ）

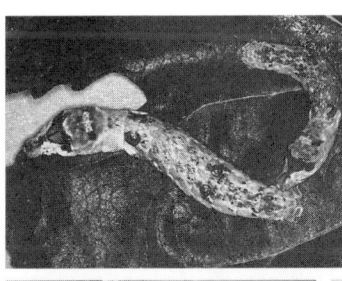

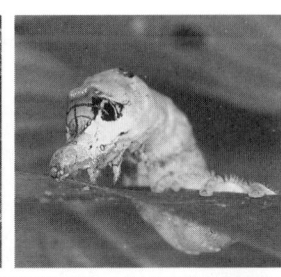

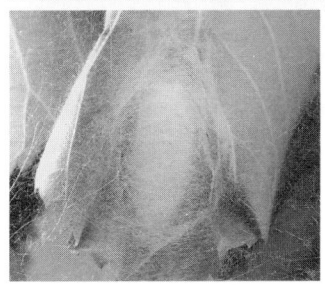

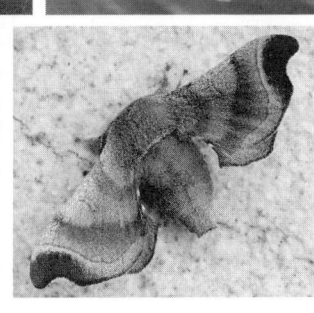

図40　クワコ
（上左）幼虫　　（上右）幼虫の目玉模様（築地琢郎氏撮影）
（下）繭と成虫（ともに築地琢郎氏撮影）

そして、家猫の祖先はアフリカヤマネコらしい。最初に家猫として家畜化したのは、今から約5000～8000年前の古代エジプトだろうと言われている。その分化の時期は4000～8000年前だろうと言われている。家猫としての記録は、大部分がこの時のものだ。エジプトには猫がたくさんいて、穀物倉庫でのネズミ駆除に大いに珍重されたようだ。

これら家畜は複数の祖先種から成立したものであると考えられている。

では、蚕はいつ頃、何から家畜化されたのであろうか？　蚕の祖先はクワコ（桑蚕、クワゴ）だと言われてきた。クワコは成虫、幼虫とも蚕に似ており、日本の桑畑でもしばしば見られる昆虫である。

ところが、カイコとクワコは染色体の数が異なる。カイコと中国産クワコの単数染色体数は n＝28 であるのに対し、日本産と韓国産クワコの染色体数

はn＝27であり、1本少ない。同じクワコなのに、中国のクワコと日本と韓国のクワコの染色体数が異なるのである。果たして中国と日本・韓国のクワコは別種なのだろうか。また、日本と韓国のクワコはカイコの祖先ではないのであろうか。さまざまな疑問が生じてくる。

近年、「カイコの祖先がクワコである」という学説の信憑性が高いことが証明された。河原畑ら（1998）はクワコとカイコとの関係について次のことを確かめた。

①クワコとカイコの雌雄の交尾器（ゲニタリア）の形態や翅脈の構造には基本的には差異はない（昆虫では、種ごとに交尾器の形態や翅脈の配置が同じで安定している）。すなわち、分類学上、生殖器などの外部形態学的にはカイコとクワコは極めて近縁な種であると言える。

②クワコとカイコとは同じ属グループに属するが、染色体数が異なるカイコ（n＝28）と日本産クワコ（n＝27）との交雑試験を行ったところ、不思議なことだが染色体数が異なる交雑でも雑種1世代（F1）、雑種2世代（F2）ともに高い妊性を認めた。このことはクワコとカイコとは同種であることを遺伝学的に明示する。

以上の調査結果から、河原畑らはカイコの起源はn＝28の中国産クワコであり、さらにDNA解析を行った結果、n＝28型の中国産クワコからn＝27型の日本産および韓国産クワコへ分化したものと考えた。

これらの研究の成果で日本のクワコはカイコは中国でクワコから改良、家畜化され、中国から日本へ移入されてきたこと、日本のクワコはカイコの直接的な祖先ではないことの裏付けともなった。これは、

66

第2章　家蚕と天蚕（カイコとヤママユ）

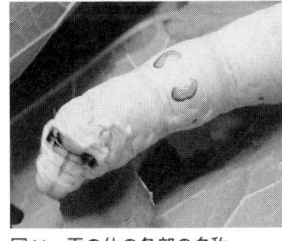

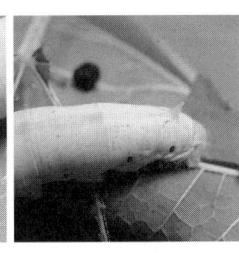

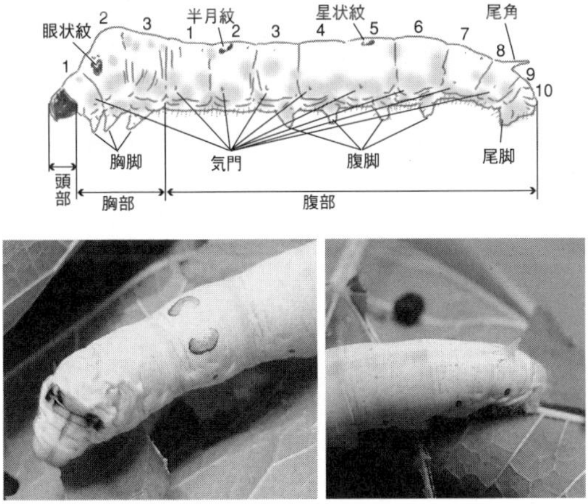

図41　蚕の体の各部の名称
（下左）カイコの眼状紋と半月紋　（下右）カイコの尾角

幼虫の特徴

60歳以上の方ならほとんどが「幼虫のカイコを見たことがある」と言うが、若者は知らない人が多いのではないだろうか？

まず、幼虫、イモムシの形態から説明しよう。図41のとおり、カイコの幼虫の体は胸部が3節、胴部が10節の計13個のパーツからできている。胸部には各節に3対、計6本、腹部には第3～6節に腹脚4対と第10節に尾脚1対、計10本の脚がある。胸部の脚は先が尖っているが、腹部の脚は太くて先が平坦で多くの鉤爪がついており、形態が異なる。成虫になると、腹部の脚はなくなり、胸部の6本脚だけが残ることになる。胸部第1節と腹部1～8節側面には1対の人の鼻に当たる気門

第1章で述べたシルクロードの説明とリンクしている可能性があり、カイコの起源は中国にあったことを示している。現在はカイコとクワコは別種として扱われているが、カイコは人の手によって野生のクワコから別の種にまで仕立て上げられた昆虫なのだ。ヒトが動物を人為的に別種で仕立て上げたのは、カイコが最初で最後かもしれない。

を有する。また、カイコの第2、3胸節は大きく膨らみ、腹部の第8節の背面前域中央には尾角という円錐状の小さな突起物(尻尾)がついている。

次に、幼虫の体色はどうだろう？　5(終)齢幼虫の体色は一般に白色、第1胸節の反面には眼状紋、すなわち目玉模様がある。第2腹節の背面にはC型に屈曲した1対の半月紋(いの字型)、第5腹節にも1対の星状紋を持つ。ただ、体色や斑紋の形状は品種、系統によって異なる。

カイコの祖先種であるクワコは、第1胸節、第2腹節および第5腹節の斑紋が目立った目玉模様になる場合が多く、この目玉模様はクワコの野外での生息において、鳥の補食から逃れるための威嚇模様となっている。クワコが現在まで生き延びられてきたのは、この目玉模様のお陰かもしれない。

カイコの目玉模様が鳥の威嚇になっているということを研究したのは、ぼくの大学の先輩に当たる弘前大学(青森県)の城田安幸准教授で、アンコウさん(仲間の通称)は大学で眼状紋を持たないカイコから目玉模様をもったカイコを創り出したり、人が5000年かけて空を飛べなくしたカイコを10年で空を飛べるようにする

図43　畑で用いられる目玉模様の鳥よけ　　図42　蚕のさまざまの品種

第2章　家蚕と天蚕（カイコとヤママユ）

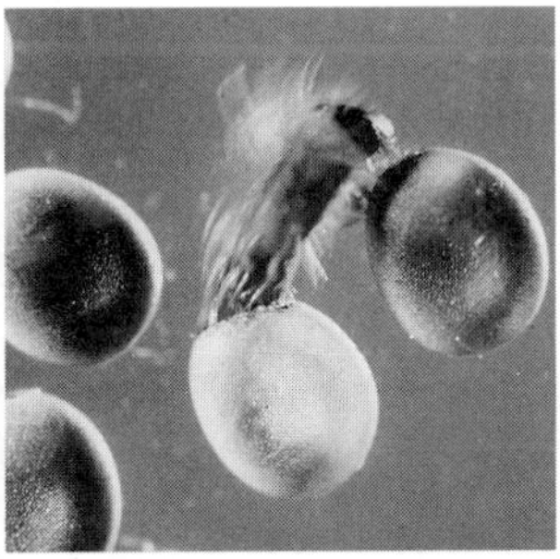

図44　蚕の孵化（杉本英隆氏撮影）

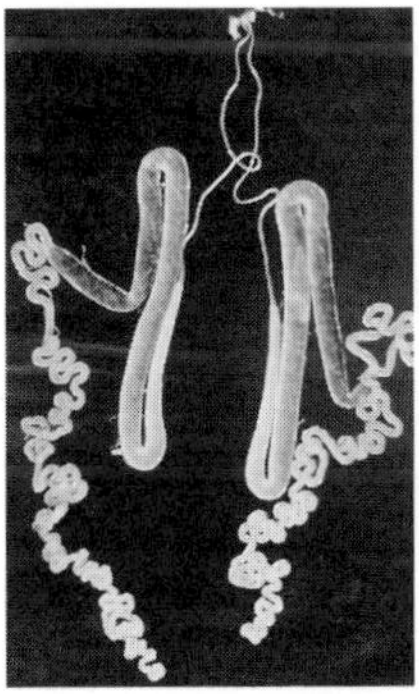

図45　蚕の5齢幼虫体内にある絹糸腺（杉本英隆氏撮影）

といった一風変わった研究を行ってきた大学の教育人だ。また、皆さんもご存じの鳥を驚かせる目玉模様の鳥よけの風船を最初に考案したのもアンコウさんなのだ！

蚕の生態

卵で越冬

蚕は卵で越冬する。1年当たりの世代数（化性）は品種、系統によって異なる。孵化した幼虫（ケムシ）は桑の葉だけを食べ、多くの品種は4回の脱皮を経て5（終）齢幼虫となる。また、3回の脱皮しかしない4齢が終齢になる品種もある。この時、幼虫体内には絹糸腺という糸のもとになる絹タンパク質が入った曲がりくねった細長い袋が発達してくる。

終齢幼虫は、体長が6～7cm、体重は5～6g程度にもなる。幼虫は行動範囲が狭く、エサがなくなっても、自分で歩いてエサを探そうとせず、たとえ野外の桑の木に放されても、枝を自由に移動して葉を食べる習性はない。

彼らは野生のクワコから改良され、5000年以上にわたって人によって室内で飼育、保護されてきたため、生きた

69

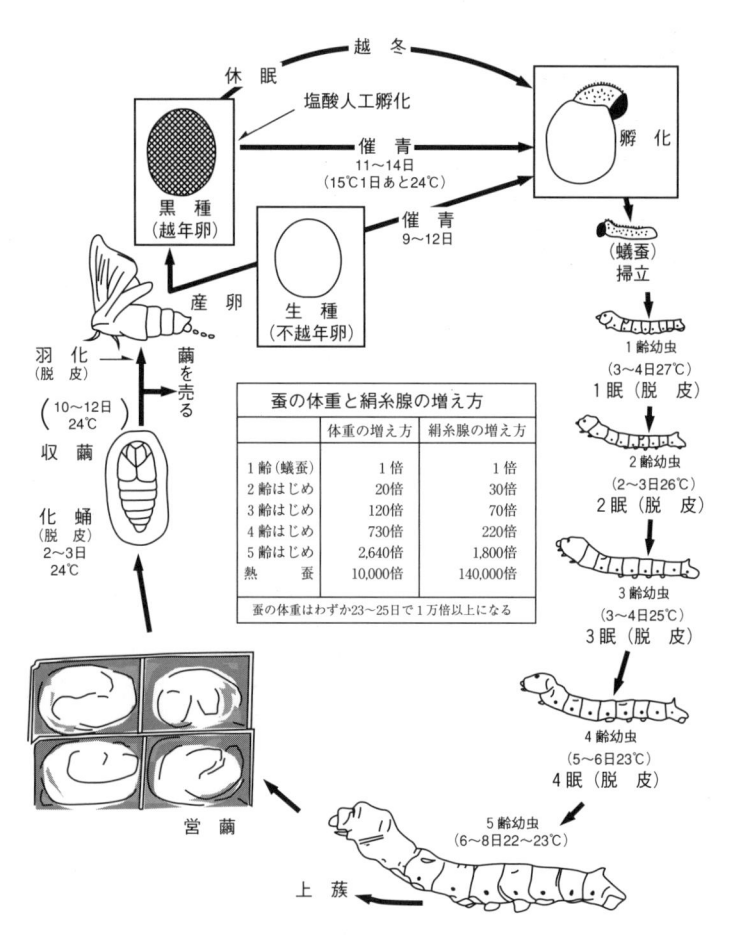

蚕の体重と絹糸腺の増え方		
	体重の増え方	絹糸腺の増え方
1齢（蟻蚕）	1倍	1倍
2齢はじめ	20倍	30倍
3齢はじめ	120倍	70倍
4齢はじめ	730倍	220倍
5齢はじめ	2,640倍	1,800倍
熟蚕	10,000倍	140,000倍
蚕の体重はわずか23〜25日で1万倍以上になる		

図46　カイコの生活環（図解養蚕、1995をもとに作成）

第2章　家蚕と天蚕（カイコとヤママユ）

め、世代をつなぐためには人の介護が必要で、自然界では自分だけで生きていけなくなった。野生の蚕は存在しないのだ。蚕とはなんと不思議な昆虫なのであろう！

繭をつくる

発育経過は飼育温度によって異なるが、孵化しておよそ25日で桑の葉を食べなくなる。

老熟した幼虫の体は徐々に細くなり、物を伝わって上へはい上がろうとしたりして、落ち着かない行動をとるようになる。老熟幼虫は自分が気に入った場所を探して、そこで口器付近にある吐糸口から絹糸を吐いて、最初に足場をつくり、次いでその足場を利用して自分の体を包むようにして8の字形に絹糸を吐き、俵型の繭の形に仕上げていく。

一般的な繭の重さは2g程度（繭が20～23％、蛹が77～80％）である。1頭が吐いた絹糸は1本につながっていて、伸ばすと1200～1800mもの長い糸になる。その絹糸を寄り合わせて生糸をつくるのだが、繭1000粒から350～400gの生糸がとれる計算になる。およそ2600頭の蚕の繭で1反（幅約34cm、長さ約10m。1人分の衣服に用いる長さ）の絹織物ができる計算だ。皆さんの家のタンスの中にある着物1着は、およそ2600頭の蚕の命が犠牲になっているのだ。

桑園面積で換算すると、桑園面積10a当たりおよそ6万頭の蚕が飼育できて、繭100kgが生産で、ロスも考えておよそ繭100kgからおよそ18kgの生糸がとれ、およそ20反の絹織物ができる計算になる。

繭は営繭して2～3日で完成し、絹糸を吐き終わった老熟幼虫は、最後に繭の中でもう一度脱皮して蛹になる。繭は動けない蛹が外敵に襲われないためのシェルターになるのだ。

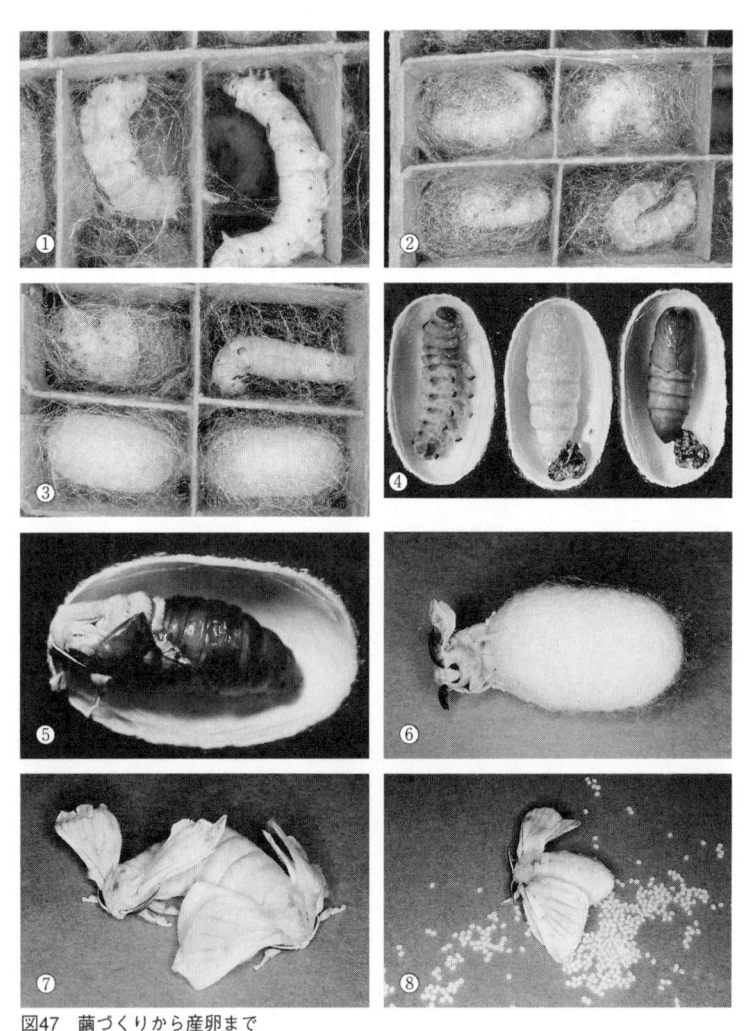

図47 繭づくりから産卵まで
　①吐糸始め　②営繭途中　③営繭完了　④繭内での蛹化(左：幼虫、中：脱皮直後の蛹、右：蛹、杉本英隆氏撮影)　⑤カイコガの繭中での羽化の瞬間（杉本英隆氏撮影）　⑥繭から脱出する成虫　⑦交尾　⑧産卵

羽化と産卵

そして、2週間ぐらいたつと蛹が羽化する。繭の中で羽化した成虫(蛾)は、退化した口からアルカリ性の液を出して膠状のセリシンを溶かして繭をほぐす。そして、頭と胸脚で繭の先端を押しかき分けて脱出する。脱出した直後の蛾の翅は縮んでいるが、体内から翅脈に体液を注入することによって次第に伸びてくる。

雌成虫と雄はすぐに交尾して500粒程度の卵を産む。蚕の卵は蚕種と呼ばれ、扁平な楕円形をしている。卵には、産卵後2週間ほどで孵化する休眠しない不越年卵(生種)と、卵が越冬して春まで孵化しない越年卵(黒種)の2種類があり、卵色で区別できる。越年卵は、産卵直後では黄色であるが、2〜3日で茶褐色〜灰褐色に変色する。一方、不越年卵である非休眠卵(生種)は産み落とされた卵が2日以上経過しても黄色のままであるので区別は容易である。生種は産卵後10日くらい、越年卵は春になって孵化する日が近づくと、卵の横表面に幼虫の頭にあたる黒点が見えるようになり、さらに1〜2日後に薄青色に変化した後、幼虫(毛蚕、もしくはアリのようなので蟻蚕と呼ばれる)が卵の殻を食い破って出てくる。

自然状態で、年に1回だけ卵から孵化してその成虫が産卵した卵が休眠するものを1化性、春と夏の2回孵化し、春の成虫が産卵した卵は休眠せず、夏の成虫が産卵した卵だけが休眠するものを2化性という。また、それ以上のものを多化性という。

2. 天蚕（ヤママユ）

緑色の糸を吐くガ

冬期に滋賀県内の森を散策していると落葉したドングリの木の枝に、緑色の繭や紫外線で脱色された黄色の繭がぶら下がっているのをたまに見かける。これがヤママユ、いわゆる天蚕の繭である。自然状態で日本に生息していた天蚕も、家蚕と同じように飼育されるようになった。

穂高地方で飼育

天蚕飼育の歴史は江戸時代にさかのぼる。長野県南安曇郡穂高町（現、安曇野市）周辺で天明年間（1781～89）から始められ、その糸は珍重されてきた。当時は山林から枝ごと採集し、土間などで水さし飼育（水を入れた桶に葉つきの枝をさして飼育する方法）を行ったり、飼料樹を植えた周りに防鳥糸や防鳥網を張って飼育をされていた。

明治5年（1872）に政府が山蚕養法奨励の告諭書を出し、全国で飼育が始められたが、その後、全国的に天蚕飼育農家は減少した。穂高地方でも第2次世界大戦によっていったん途絶えた

図48　木の葉に包まれた天蚕の繭

第2章　家蚕と天蚕（カイコとヤママユ）

が、戦後の昭和48年以降になって穂高地方などで復活した。その後、山形県、福島県、埼玉県、千葉県、富山県、福井県、愛知県、岐阜県、滋賀県、京都府、岡山県、広島県、愛媛県、高知県、熊本県、宮崎県など全国各地で飼育されるようになり、再び天蚕業が脚光を浴びることになった。

天蚕は、皇居内でも毎年皇后陛下が飼育されており、平成4年（1992）の歌会始めでは、皇后宮御歌「葉かげなる　天蚕はふかく眠りゐて　櫟のこずゑ　風渡りゆく」が歌われている。

分類学上の位置づけ

ヤママユは、鱗翅目、カイコガ上科、ヤママユガ科に属する大型のガである。この虫は一般に天蚕と呼ばれ、日本、台湾、朝鮮半島、中国、ロシア、スリランカ、インドおよびヨーロッパに分布し、日本ではほぼ全土に棲息する。

ヤママユガ科に属する鱗翅目昆虫は、世界で65属1480種余りが知られ、ヨーロッパ、アフリカ、アジア、オーストラリア、北米、中南米に分布し、日本には8属12種が棲息する。

この科の種はすべて大型で、沖縄県の与那国島などにすむヨナグニサンは開翅（左右の前翅を開いた時の端から端までの長さ）が25cmに達するものもおり、翅の面積では世界最大の鱗翅目である。本州にもすむ開張10cm前後のオオミズアオは、翅が青磁色で長く伸びた後翅をもつ優美なガとして知られている。北海道から九州にかけて、クリの木などにいるクスサンの幼虫は、全身に白く長い毛が生えていることから「シラガタロウ」と呼ばれ、網目状の繭をつくる。

天蚕はアンテレア（Antheraea）属というグループに属するが、日本で本属に属するのはヤママユとサクサンの2種で、世界では35種以上が知られている。サクサン（柞蚕）は中国などで飼育されている飼育種で、日本では研究機関などで飼育されているだけで野生化はしていない。

75

図50 オオミズアオ成虫　　図49 ヨナグニサン成虫

図52 サクサン
　（上）成虫　（中）5齢幼虫　（下）繭と糸

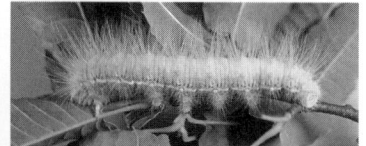

図51 クスサン
　（上）成虫　（中）5齢幼虫。白い毛でクリの花に擬態している　（下）繭

食べる植物

天蚕は何を食べるのか。食樹(野外記録以外の室内飼育記録を含む)を調べてみると、クヌギ、アベマキ、コナラ、カシワ、クリ(ブナ科)、ミズナラ、*Quercus robur*、ウバメガシ、アラカシ、シラカシ、スダジイ、マテバシイ、コウリュウ(ヤナギ科)/*Morus sp.*(クワ科)/カリン、リンゴ(バラ科)/アメリカフウ(マンサク科)/コウリュウ(ヤナギ科) などが分布地で記録されている(赤井ら、1990;Teramoto, 1994)。天蚕は、ブナ科植物(ドングリの木)とブナ科以外の植物も食べる、つまり「食域が広い多食性の昆虫」だといえる。ただ、これらの中でもブナ科植物の中でも、特にコナラ属、コナラ亜属に属する落葉樹木の葉を好んで食べることが知られている。

天蚕の飼料樹としてはクヌギが最も適しているが、アベマキ、コナラ、カシワ、アラカシ、シラカシ、スダジイ、マテバシイ、コウリュウなども利用されている。滋賀県で天蚕飼料樹として用いられているのは、ブナ科コナラ属に属する落葉性の種、クヌギ、アベマキ、コナラの3種である。

天蚕の生態

葉をつづり合わせ営繭

天蚕は1年に1回だけ発生する1化性で、卵の状態で越冬する。近畿地方では、食樹であるクヌギなどが萌芽する4月中・下旬頃に孵化し、4回の脱皮を経て終齢幼虫となり、6月上・中旬頃、孵化から50〜60日で葉を数枚つづり合わせて営繭を開始し、葉と同色の緑の繭をつくる。老熟幼虫は営繭から約1週間で蛹化し、蛹はそのまま

休眠 ― 越冬

自然状態で、木の幹に産みつけられた卵

飼育の場合 卵を糊づけした紙を枝につける

孵化

孵化直後の体重は約5mg
頭の色は赤褐色

卵

成虫

飼育の場合 交尾・産卵籠に卵を産みつける雌

1齢幼虫
(〜9日)
1眠(脱皮)

産卵

羽化
(脱皮)

繭を糸に

頭の色は茶褐色

2齢幼虫
(10〜18日)
2眠(脱皮)

雌　雄

蛹

化蛹
(脱皮)

頭の色は薄緑色

3齢幼虫
(19〜24日)
3眠(脱皮)

4齢幼虫
(25〜35日)
4眠(脱皮)

体重は最大時20g程度
(カイコの5齢幼虫の約4倍)
日数は屋内飼育の場合で、屋外では60日ほどかかる

営繭

葉を2〜3枚つづり合わせて繭をつくる

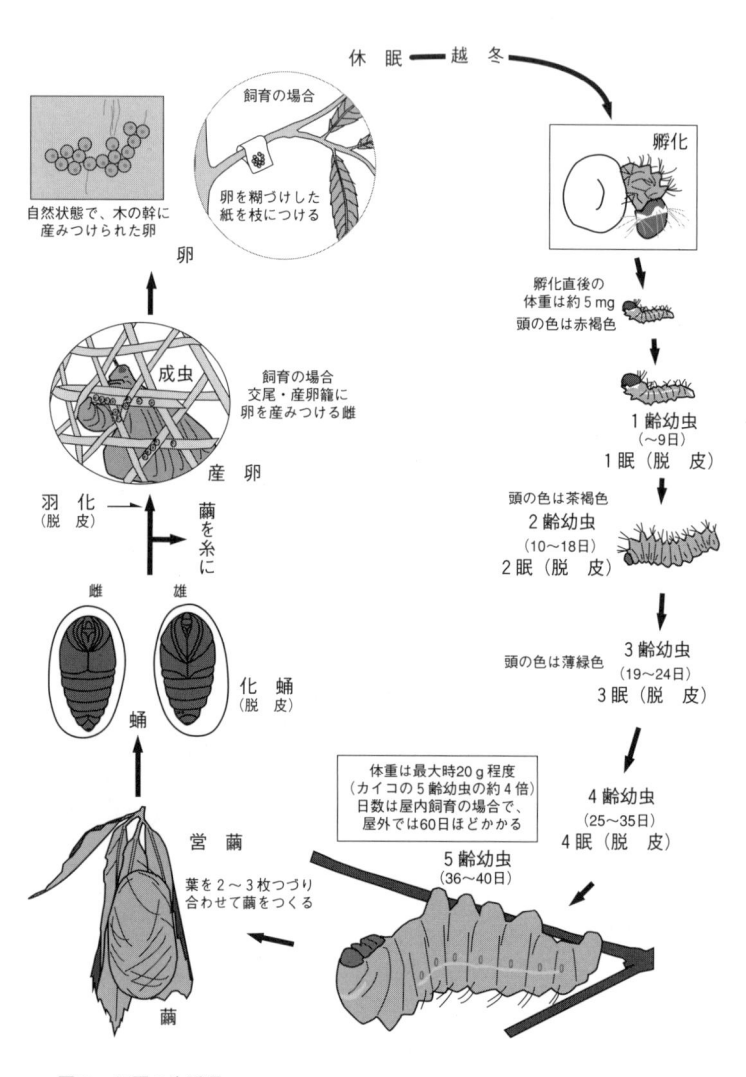

5齢幼虫
(36〜40日)

繭

図53　天蚕の生活環

図55 卵で腹部が大きなヤママユの雌

図54 クヌギの小枝に産みつけられた天蚕卵。このまま越冬する

初秋期まで休眠する。これを夏休眠という。近畿地方では、成虫は主に8月中旬〜9月に羽化、すぐに交尾して、雌成虫は食樹の小枝などに小さな卵塊で、合計200〜300粒程度を産卵する。産卵後約10日で卵殻内で幼虫体が形成され、そのまま休眠越冬する。終齢幼虫の体色は美しいコバルトブルーで、気門上には3対程度の真珠様の小さな隆起基盤がある。

成虫の特徴

成虫の翅は、黄色から茶色、鶯色（うぐいす）、黒褐色など変化に富み、前翅と後翅の中央部には目玉模様（眼状紋）がある。この眼状紋は鳥に対する脅し模様だと考えられている。

雌雄の区別は容易で、翅の形、触角の形や腹の大きさで区別できる。雌は、前翅の先が丸く、触角が細い羽毛状、腹はたくさんの卵が詰まっているため相撲取りの腹のように太く膨れているが、雄は前翅の先がとがり、触角が両櫛歯状（くしば）で幅広く、腹は細い。

繊維のダイヤモンド、天蚕糸

飼育も繰糸も困難

天蚕繭はエメラルドグリーンに輝き、この繭からとれる天蚕糸は「繊維のダイヤモンド」

と呼ばれて珍重され、高価な生糸として取り引きされている。1個の繭からは、600〜700m、約0.3gの天蚕糸がとれる。人々はこの自然の美しい光を放つ天蚕を山の蚕「ヤマコ」と呼んできた。天蚕は主に野外で放し飼いされるが、非常にデリケートな昆虫で家蚕と比べて飼育が難しい。天蚕は全国の山野に広く分布しているが、養蚕業として飼育している所は少なく、糸がとれるまでの期間は家蚕の約2倍はかかる。

また、天蚕繭は繰糸が難しく、無駄糸が大量に出て、一つの繭から取れる糸の量が少ない。また、糸は染まりにくいため、輝きのあるコバルトブルーの糸は、他の繊維と交織すると天蚕糸の部分が白く浮き出して、独特の味わいをかもし出す。天蚕糸は家蚕糸と混織した織物としての需要が多く、ネクタイ、財布などの小物、さらに家具、インテリア等の素材としての用途も増えつつある。最近では、福島県などで化粧品に用いる利用も試みられている。

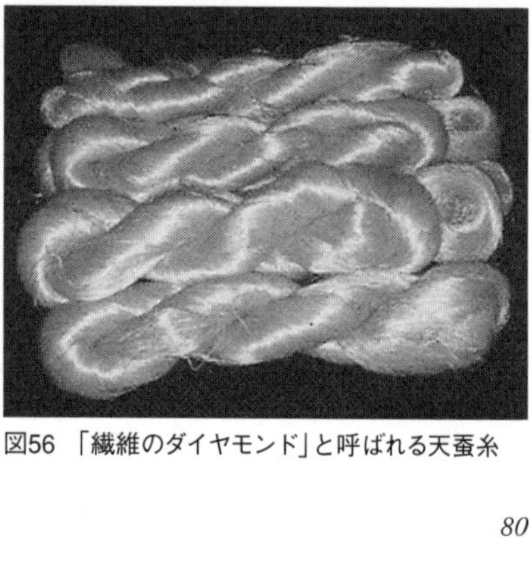

天蚕の飼育方法

現在、各地で行われている一般的な天蚕の飼育方法は、次のようなものである。

図56 「繊維のダイヤモンド」と呼ばれる天蚕糸

80

図57　飼育パイプハウス(左)とハウス内の低木仕立てのクヌギ(右)

天蚕卵の準備

クヌギなどの飼料樹が萌芽して飼育できる状態になれば、冷蔵庫(約3～5℃)に保存しておいた天蚕卵を順次必要な粒数だけ出す。孵化までの日数は、卵の冷蔵期間や室温にもよるが、おおよそ出庫後7～10日後に始まる。

飼料樹の準備

約2m間隔でクヌギなどの飼料樹を植えつけて飼料樹園を造成する。飼料樹は飼育がしやすいように剪定して低木に仕立てる。そして、これを覆うようにパイプハウスを組んで、その上から鳥やハチなどの天敵を避けるために2ミリ目程度の飼育ネットをかぶせ、その中で幼虫を放し飼いする。低木仕立てのし飼い飼料樹では、1本当たり40頭程度が飼育できる。

飼育方法

天蚕の幼虫は光に集まる習性があり、一点に光が当たるとそこに集中して噛み合ったりするため、稚蚕段階の飼育では注意しなければならない。

卵を貼りつけた紙などを飼料樹の枝につけてそのまま育てる「山つけ法」、室内でタッパーなどに入れて稚蚕飼育した若齢幼虫を飼料樹に放す「放飼育法」、野外から持ち帰った飼料樹の枝を、水を入れたバケツやペットボトルにさして室内で飼育する「水さ

し育法」の三つのやり方がある。

孵化した幼虫がアリや鳥などの天敵に食べられる危険性があるので、山つけ法では孵化直後から、放飼育法では２〜３齢から、設けた飼育パイプ網ハウス内で放飼にする。

水さし育法で枝を交換する際、幼虫の脚力は強く、枯れた枝から無理に引き離そうとすると脚がちぎれてしまうため、注意を要する。

収　繭

天蚕幼虫は孵化から５０〜６０日で老熟幼虫となり、数枚の葉を寄せてその間で繭をつくる。繭中で営繭を始めておよそ１週間で蛹になる。人工飼育の場合は冷蔵庫に卵を入れて、段階的に出庫して飼育を始めるため、収繭は６月下旬から段階的に行う場合が多い。目安として８割程度が繭をつくり始めたら、羽化するまでに繭を葉ごと順次回収して、葉をむいて繭だけにする。

集めた繭は十分乾燥させて、蛹を殺して、繰糸まで虫がつかないように防虫剤とともに湿度が低い室内暗所へ保管しておく。繭に直射日光が当たると黄色に変色するので注意する。ヒメマルカツオブシムシなどの動物性衣類・食品害虫による食害は、天蚕繭にはタンニンが多く含まれているため、他の普通の蚕などの繭に比較して少ない。

一部の繭は乾燥させず、卵（種）を採るための種繭（採卵用親蛾）として使う。

天蚕の繭は、雌が７〜１２ｇ、雄が５〜８ｇと雌雄で大きさが異なるため、これを目安に雄繭と雌繭が同数程度になるように種繭を選ぶ。羽化したものから、

交尾と産卵

雌と雄の１ペア（または複数ペア）を一つの竹籠か網袋などの採卵容器の中へ入れて、木の下や軒下

第2章 家蚕と天蚕（カイコとヤママユ）

図58 天蚕の孵化から採卵まで
　①天蚕卵と孵化した幼虫　②放飼育法の前段階にあたるタッパー内の1齢幼虫の飼育
　③山つけ法　④水さし育法（三田村敏正氏撮影）　⑤収繭作業　⑥収繭された天蚕繭
　⑦採卵竹かご　⑧採卵網かご　⑨採卵竹かごの竹の外方に産みつけられた天蚕卵塊

などの直射日光や雨が直接当たらず、風通しのよい日陰で、湿度が高く、近くに街灯がない、静かな場所に吊るしておく。

交尾は夜明け前後に行われるため、普通には滅多に見ることはできない。天蚕蛾は近縁種の柞蚕と違ってかなり神経質で、室内ではほとんどが交尾しない。日長や風、湿度などの条件がそろわないと交尾しないのだ。卵は、産卵後10日ほどで前幼虫と呼ばれる孵化幼虫の形になり、休眠に入る。

卵の検査と消毒

天蚕を大量飼育する場合、注意しなければならないことは、病気の発生だ。

天蚕の場合でも、蚕の場合と同じ経卵伝染する微粒子病は大敵である。第1章で述べたように、産卵した雌の成虫の腹をすりつぶして、顕微鏡で調べる。

卵はガーゼなどにくるんで50倍程度に薄めた家庭用食器消毒剤（次亜塩素酸）などに浸けて消毒する。その後、水洗いし、表面が乾いた卵を水の中へ入れて、浮かべば受精卵、沈めば不受精卵と判断する。そして、卵を乾燥させ、受精卵だけを2月頃まで暗所常温で保管する。2月下旬頃に3〜5℃の冷蔵庫の中に移す。天蚕卵は冷蔵すれば9月前後まで活性が維持できる。

天蚕糸の製糸方法

天蚕繭は糸のほぐれが悪く、機械繰糸では糸が引きにくいため、図60のように鍋のお湯の中に繭を漬けて繰糸する昔ながらの座繰り繰糸を行う。滋賀県では先に述べた伝統産業である特殊生糸

第2章　家蚕と天蚕（カイコとヤママユ）

図60　天蚕糸の製糸
(上)天蚕繭の索緒作業
(左)座繰り繰糸機による繰糸

図59　繭柄(けんぺい)で枝に、しっかり固定された天蚕繭

生産の技術を応用している。まず、天蚕繭を熱湯に入れて煮繭を行って、ほぐれをよくする。煮繭には家庭用アルミ鍋を用い、湯温40℃で繭を入れ、徐々に100℃まであげた後、火を止め、それから約15分程度放置する。そして、索緒という繭の糸口を探す作業を経て、6粒程度の糸を合わせ撚って、1本の天蚕糸に巻き替えて乾燥させ、美しい光沢がある天蚕糸が誕生する。

繰糸された生糸はすぐに小枠から大枠に巻き替えて乾燥させ、美しい光沢がある天蚕糸が誕生する。

繭には繭柄という細長い絹糸の突起がついているが、これは繭が風などで落ちないように老熟幼虫が枝にしっかり固定するためにつくった蛹の命綱である。家蚕の繭はきれいな俵形であるため、湯中で繭をほぐして最初の糸口（絹糸の端）が見つけやすいが、天蚕繭にはこの繭柄があるため最初の糸口を見つけるまでに無駄な糸が多くなり、糸が引きにくい。

滋賀県の天蚕業

滋賀県東浅井郡浅井町（現、長浜市）では、昭和57年（1982）に予備調査を開始し、翌年の昭和58年に浅井町天蚕組合を発足させ、

「わが村の特産づくり」の一環した事業に取り組んだ。天蚕繭の生産から天蚕糸利用の加工品づくりまでの一環した事業に取り組んだ。

夜、町内の須賀谷温泉や中学校のグラウンドのライトの下に虫取り網を持って捕まえに行き、畑地に移植したクヌギの木で飼育が行われた。この天蚕糸を使用してネクタイ、家紋額、打敷、反物などが製作、販売されてきたが、バブル崩壊後、高級糸の需要は低下、組合長であった辻陶吉氏が亡くなったこともあって、残念ながら現在は浅井町天蚕組合は解散してしまった。

しかし、平成16年（2004）、新たに湖東の東近江市永源寺地域に農業生産法人㈲永源寺マルベリーが設立された。桑葉の栽培に加えて、圃場にクヌギを植えて平成19年から天蚕の飼育が始められている。

図62　天蚕糸を用いた製品
右上から時計回りに、ネクタイ、刺繍（着物）、反物、打敷

図61　浅井町天蚕組合の天蚕飼育圃場

86

3. 人と鱗翅目昆虫

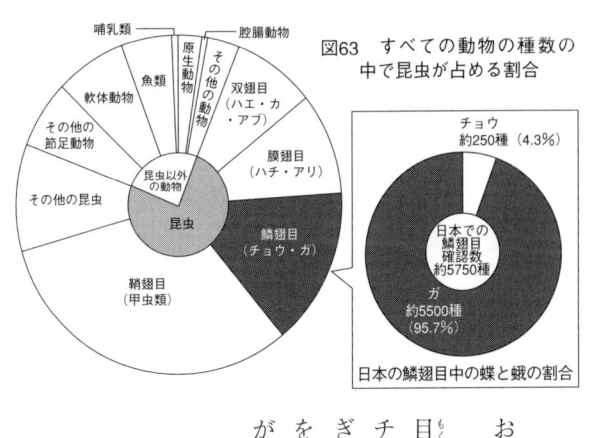

チョウとガ 日本には250種程度のチョウが土着生息しており、ガはその20倍以上の種が生息している。現在のところ約5500種が知られている。

日本人はよくチョウとガを区別したがるが、これらは鱗翅目という大きなグループに属し、チョウはその目の中のシロチョウ科、アゲハチョウ科などいくつかの科の位置づけに過ぎない。日本人はチョウはよいイメージ、ガは嫌なイメージを持つ人が多い。ガとチョウとの違いは何かとよく聞かれるが、外国人は日本人ほど明確に区別しない。

一般的なガとチョウの違いは、次のようなものである。

① チョウはきれいだが、ガは汚い。
② チョウは昼間に活動するが、ガは夜に活動する。
③ チョウは翅を閉じてとまるが、ガは翅を広げてとまる。
④ チョウの幼虫は毛のないアオムシだが、ガの幼虫は毛虫が多く、汚い。

図63 すべての動物の種数の中で昆虫が占める割合

日本での鱗翅目確認数 約5750種
チョウ 約250種（4.3％）
ガ 約5500種（95.7％）
日本の鱗翅目中の蝶と蛾の割合

⑤チョウの触角は先がマッチ棒のように丸くなっている棍棒状だが、ガの触角は糸状、櫛歯状または羽毛状などがあげられるが、両方に例外が多く、明確には区別できない。例えばイカリモンガというガは日中に活動し、翅は閉じてとまり、外見もチョウそのものである。

昆虫は動物の中で種類が最も多く、世界の既知種は約100万種であるが、実際には地球上には1000万種以上が生息すると推定されている。一方、日本の昆虫は1988年時点で約3万種が記録されているが、実際には10〜15万種いると推測されている。最も多いグループはカブトムシなどの鞘翅目昆虫（甲虫類）で約9200種、次いで鱗翅目（ガ・チョウ類）が約5800種、膜翅目（ハチ、アリ類）約5000種、双翅目（ハエ、カ、アブ類など）約3000種、直翅目（バッタ、イナゴ、コオロギ類など）約450種と続く。

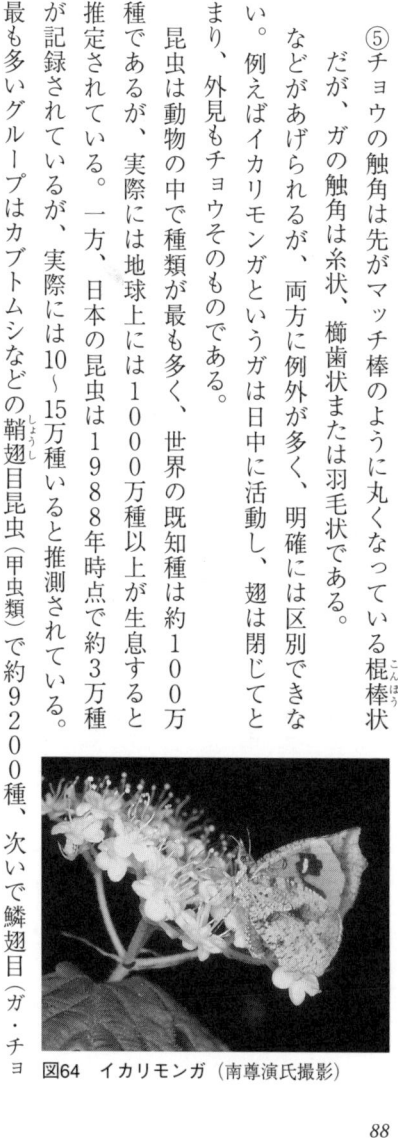

益虫と害虫

昆虫は、人間の生活に直接、もしくは間接的に利益をもたらす「益虫」と、害を与える「害虫」に分けられる。前者では、経済の面、また文化の面で最も人間に利益をもたらしたのはカイコであろうし、栽培作物の花粉を媒介し、食用になる蜂蜜も生産するミツバチはそれに次ぐ昆虫だろう。他にはイネの害虫を食べるトンボや、さまざまな作物の害虫防除に役立つ寄生バチやカマキリなどがいる。

図64 イカリモンガ（南尊演氏撮影）

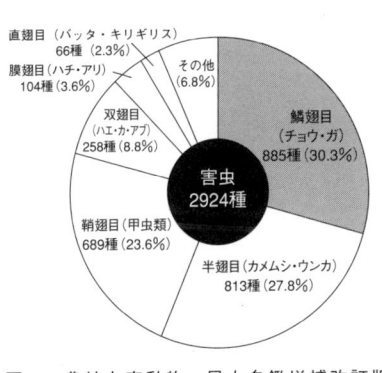

一方、後者でまず思い浮かぶのは、直接的に人間に痛みを与えるカやノミ、イネなどの作物の液を吸って枯らすウンカ（半翅目＝カメムシやセミの仲間のうちウンカ科）などである。農林有害動物・昆虫名鑑増補改訂版（2006）によれば、図65に示したとおり、害虫2924種の中では、鱗翅目昆虫が885種と3割強を占めて最も多い。古代から人々は、チョウやガの幼虫であるイモムシやケムシの農林被害に悩まされてきたのである。

鱗翅目害虫による農林作物の被害は、ほとんどがイモムシ、ケムシによる食害であるため、幼虫独自に名前をつけられている種も多い。以下は代表的な鱗翅目害虫の幼虫名で、カッコ内が成虫の名前である。イネ…ニカメイチュウ（ニカメイガ）、イネアオムシ（フタオビコヤガ）、イネツトムシ（イチモンジセセリ）、野菜…アオムシ（モンシロチョウ）、ヨトウムシ（ヨトウガ）、樹木…ブランコケムシ（マイマイガ）、マツケムシ（マツカレハ）。先にヤママユガ科に関する項で紹介したクスサンの幼虫「シラガタロウ」も、クリ、コナラ、サクラ、ナシなどの葉を食べる害虫である。

裏を返せば、昆虫の生態などに関する知識の多くは、これらの昆虫から農作物をどうすれば守れるかという防除法の研究の積み重ねによって得られたものなのである。次章で詳細を述べるぼくの調査もその一つとして行われたものだったが、予想外の方向に展開することになる。

図65　農林有害動物・昆虫名鑑増補改訂版（2006）に記載された害虫の目別割合

害虫 2924種
- 鱗翅目（チョウ・ガ）885種（30.3％）
- 半翅目（カメムシ・ウンカ）813種（27.8％）
- 鞘翅目（甲虫類）689種（23.6％）
- 双翅目（ハエ・カ・アブ）258種（8.8％）
- 膜翅目（ハチ・アリ）104種（3.6％）
- 直翅目（バッタ・キリギリス）66種（2.3％）
- その他（6.8％）

第3章 ドングリの木を食べるガ・チョウ類

マイマイガの幼虫に葉を食べられ、丸裸になったクヌギ

1. ドングリの木とガ・チョウ類との不思議な関係

ガ・チョウ類はドングリの木がお好き?

幼虫調査

これまで述べてきたような経緯で、昭和57年(1982)からぼくは、天蚕を大量に飼育する技術などに関する仕事を始めることになった。そして、その食べ物、つまりクヌギなどのドングリの木を観察していて、あることに気がついた。

これらのドングリの木は、非常にたくさんのガ・チョウ類、甲虫類、ハチ類などの昆虫が、食べ物として利用しており、葉などが食われて常にボロボロになっているのだ！

そこで、大学時代にガの幼虫の形態分類学を学んでいた経験を生かして、野外から採集してきた幼虫を同定(種を明らかにすること)しようと試みた。ところが、半数以上の幼虫が同定できない。ぼくの能力不足というより、当時はこれら幼虫の同定作業に役立つ文献が十分にそろってはいなかったのである。幼虫は脱皮をすると成育ステージによりまったく違う色や形態になったりするため、正確に同定することは難しい。

しかし、同定が幼虫期にできなければ、防除手段がとれない。とにもかくにもぼくは、昭和57年～平成5年(1982～93)の12年間にわたり、ドングリの木についているガ・チョウ類の幼虫を調査した。調査場所は東浅井郡浅井町(現、長浜市)の天蚕飼料樹園と七尾山の雑木林で、ドングリ

92

第3章　ドングリの木を食べるガ・チョウ類

図66　ガ・チョウ類の幼虫による被害
①プライヤハマキの被害を受けた葉　②クヌギの萌芽。すでにいろいろな孵化幼虫が寄生している　③ナカトビフトメイガの被害を受けたクヌギ　④オビカレハ幼虫による集団加害　⑤オオトビモンシャチホコの被害を受けたアベマキ

の木の樹種はクヌギ、アベマキおよびコナラの3種とした。採集時間は樹園管理作業中、昼休みと土日祝日に費やした。

同定作業

　当初、幼虫だけでは種の同定が難しかったため、手間はかかるが、幼虫を成虫まで育てることにした。野外でドングリの木についている幼虫を手当たり次第に採集し、これらを持ち帰って個体番号を与え、個々のプラスチックシャーレ（直径9㎝×高さ3㎝）内で飼育したのである。幼虫の成育過程を順番に撮影するとともに（次ページの図67が、アベマキについたヒメシャチホコの例）、幼虫の液浸標本やプレパラート

93

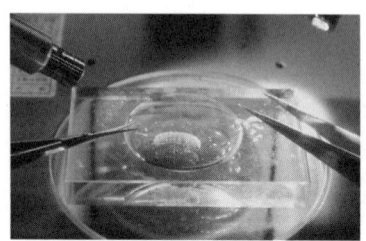

図68 幼虫のプレパラート標本をつくる

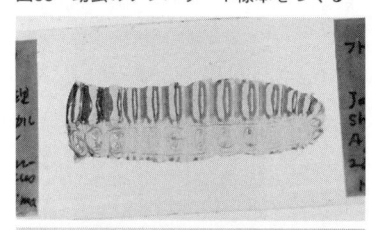

図69 できあがったプレパラート標本

図67 アベマキについたヒメシャチホコの撮影例
（上から順に）産みつけられた卵塊、若齢幼虫（体長4mm）、中齢幼虫（体長10mm）、同、終齢幼虫

第3章　ドングリの木を食べるガ・チョウ類

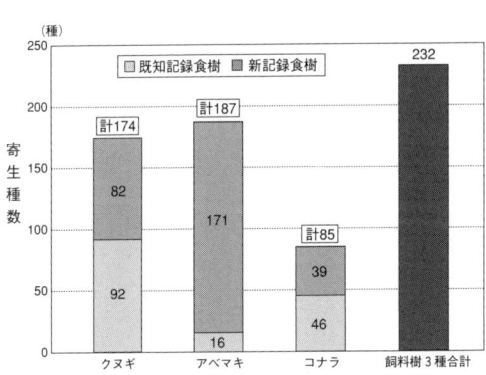

図70　滋賀県における天蚕飼料樹、落葉性コナラ属の鱗翅目寄生虫種数

標本も作成し、最終的な同定は成虫で行った。成虫の同定が困難な場合は、日本の昆虫分類専門家やイギリスのロンドンにある大英博物館の専門家などに依頼した。

その結果、正確に同定できたガ・チョウ類は、クヌギが174種、アベマキが187種、そしてコナラ85種で、1地域の調査だけで総計232もの種が3種のドングリの木の葉を食べていることがわかった。この中には、初めて見つかった12種の新種（未記載種）も含まれている。

滋賀県のごく小さなエリアだけで、これだけの数の昆虫種に利用されている植物は他にまずないだろう。この数値はガ・チョウ類の種の数である。他の昆虫類を入れればとんでもない種数になる。

途方もない発生頭数

この数値は種の数であって、個体数で考えれば、例えば、マイマイガという害虫一種にしても野外で1頭だけが発生しているのではない。マイマイガの雌1頭が産む卵塊にふくまれる卵の数が500～1500粒（滋賀県の本種の産卵数は1000粒以上が普通である）であるので、1頭の雌成虫が産卵していれば、少なくとも500頭の幼虫がドングリの木の葉を加害する計算になる。1地域にマイマイガの成虫が100頭（♀50頭、♂50頭）いれば、2万5000頭

の幼虫が発生することになる。発生種と産卵数の度合いによって異なるが、232種という数字を当てはめてみれば、1地域の発生数量は単純計算でも580万頭という途方もない発生頭数になる。

もちろん発生種が全部生き残るわけではない。その多くは、鳥やトカゲなどの補食動物、アリ、カマキリなどのその他補食昆虫、寄生バチや寄生バエなどの寄生性昆虫、寄生性糸状菌（カビ）、寄生性細菌、寄生性ウイルスなどにやられてしまい、孵化幼虫が生き残る確率は非常に少ない。とはいえ、仮に生き残り率がわずか1％だったとしても、1地域に5万8000頭のガやチョウの幼虫が無事に成虫まで育つ計算になる。これでは、ドングリの木はたまったものではない。せっかく芽吹いた若葉を食べられて、丸坊主になっている姿が普通に見られるわけだ。

多いグループ

では、発生しているガ・チョウ類はどのグループが多いのだろう？　図72に示したとおり、寄生種数が一番多かったグループは、ヤガ科（イモムシの仲間）、次にシャクガ科（シャクトリムシの仲間）の順番であった。この2グループで99種、全体のおよそ半数の43％を占める。一般的なチョウやガである大蛾類三番目に多いのがハマキガ科、四番目がキバガ科でこれらは小蛾類に属する。

図71　オオサザミヒメハマキによってつづられた若葉（シェルター）

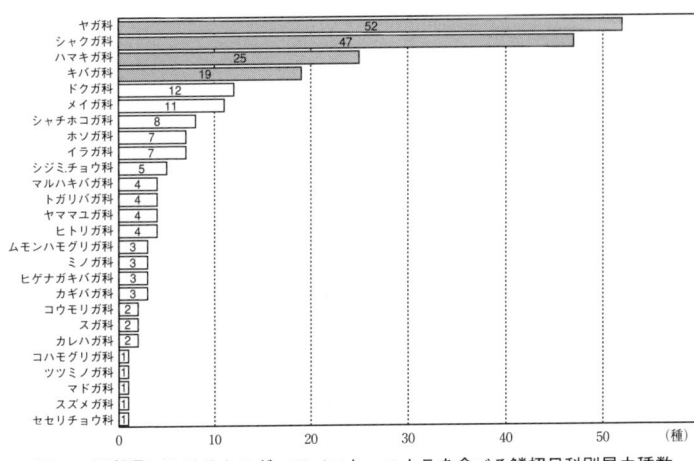

第3章 ドングリの木を食べるガ・チョウ類

科	種数
ヤガ科	52
シャクガ科	47
ハマキガ科	25
キバガ科	19
ドクガ科	12
メイガ科	11
シャチホコガ科	8
ホソガ科	7
イラガ科	7
シジミチョウ科	5
マルハキバガ科	4
トガリバガ科	4
ヤママユガ科	4
ヒトリガ科	4
ムモンハモグリガ科	3
ミノガ科	3
ヒゲナガキバガ科	3
カギバガ科	3
コウモリガ科	2
スガ科	2
カレハガ科	2
コハモグリガ科	1
ツツミノガ科	1
マドガ科	1
スズメガ科	1
セセリチョウ科	1

図72 滋賀県におけるクヌギ、アベマキ、コナラを食べる鱗翅目科別昆虫種数

のハマキムシ［図71のように葉を合わせたり、新梢を糸でつづってシェルター（隠れ家）をつくったりする小さな幼虫］の仲間で、この2グループで44種、全体の19％を占める。

大蛾類と小蛾類の4グループを合わせると143種、全体の約6割を占める。

以上の調査からドングリの木が大好きな代表的なガ・チョウ類は、ヤガ科、シャクガ科、ハマキガ科、そしてキバガ科の4グループであることがわかった。

ヤガ科

夜行性のものが多いため、「夜蛾」とつけられたのが科名の由来であり、夜に人家の灯りにも飛んでくる。ガの中で最も種数が多いグループで、本調査でも52種を記録している。幼虫は大きく、葉をバリバリ暴食する。長い毛をもつケムシである種も一部いるが、大部分はいわゆるイモムシの形をしている。成虫は胴がとても太く、昼間は枝にとまってじっとしている場合が多い。後翅が鮮やかなカトカラというグループがあるが、オ

ニベニシタバ［口絵写真3］、アサマキシタバ、マメキシタバ、アミメキシタバなど多くの種を記録している。カトカラ類とドングリの木との関係は深い。また、本調査ではヤマトホソヤガの幼生期について初めて明らかにすることができた（1993, Teramoto）。

シャクガ科

ヤガ科についで種類数が多いグループで、本調査で47種を記録している。幼虫は、全身をぐにゃりと曲げては伸ばす独特の進み方をする「尺取り虫」と呼ばれ、科名もそれに由来する。尾脚とその前の腹脚で体を支え、上体を斜め上に伸ばすと、木の枝そっくりになる。ヨモギエダシャクの場合、幼虫はバラやナシ、クリなど広い範囲の葉を食べる。成虫は、翅の幅が広く体の細いものが多い。色彩は変化に富み、青緑色の美しい種もいる。

キマエアオシャク［口絵12、図73］は、北海道から九州、対馬に分布。アオシャクの仲間は、枝から伸びた若芽に擬態する。本幼虫は幼虫態で越冬するが、若葉が出る春期までは枝色の褐色、萌芽後は1回脱皮して緑色の終齢幼虫に変身する。おまけに新芽にある赤紫色も体の一部にちゃんとつけている。成虫の翅はエメラルドグリーンでとても美しく、こちらは葉に擬態している。

マエモンシロスジアオシャク［口絵16］は、本州の中・南部、四国中部の山地に分布。これも新芽に似た姿をしているアオシャクの仲間。写真は、尾脚で体を持ち上げているところで、背中に何

図73 新芽に擬態しているシャクガ科キマエアオシャクの終齢幼虫

第3章　ドングリの木を食べるガ・チョウ類

本も伸びた突起は薄い赤みのかかった先端などが新芽にそっくりである。

幼虫の多くが、葉を巻いたり、絹糸腺から出した糸で数枚をつづったりする習性

ハマキガ科

があることから、「葉巻き蛾」といった。英語で bell moths などと呼ばれ、成虫が翅を閉じた姿は、末広がりでベル（鈴）に似ている。本調査では25種が記録されている

プライヤハマキ［口絵17］は、クヌギやコナラ、ミズナラなどの葉を2枚重ね、もしくは二つ折りにして巣をつくり、葉の表面を中から食べる。個体数は多い。

キバガ科

科名は「牙蛾」で、頭部口器近くにある2本の下唇髭（かしんしゅ）が牙状に曲がって上向きに伸びることに由来する。キバガ類の幼虫も、さまざまな植物の葉を巻いたりつづったりして食べる。キバガの一種であるバクガは、米や小麦、トウモロコシなどの穀物を食べる害虫として知られている。また、ジャガイモキバガは、ジャガイモやタバコなどナス科植物の害虫である。本調査では19種が記録されている。ムモンヒロバキバガ［口絵19］の発生は多く、本種は新梢（しんしょう）を合わせつづって巣をつくる。本種の個体数も多い。

*Hypatima*属の幼虫［口絵20］は、葉の一部を切り取ってくるりと巻き、出した糸で固定して虫かごをつくる。成虫の体長が10㎜以下と非常に小さなグループで、口絵写真の幼虫は、キバガ科の専門家である大阪市立自然史博物館の金沢至氏により新種（未記載種）と同定された。

この種以外にも、大阪府立大学の恩師、故森内茂先生、大英博物館のサットラー博士らの協力を得て、キバガ科だけで8種の新種（未記載種）が見出された。

少数だが特徴的なグループ

これらの幼虫たちは、いわゆるケムシ（毛虫）、もしくはイモムシ（芋虫。本来は、サツマイモの葉につくスズメガ類の幼虫を呼んだものだが、毛のない幼虫全般も指す）である。それらの中には、何も知らずに見つけた女性（最近は男性でも）が「キャーッ！」っと悲鳴をあげそうな姿をしているものもある。それは、外敵から身を守るために進化した形態であるから、見た者が驚くのは正しい反応ともいえるし、一部は本当に毒を持っている。ぼくが出会った不思議な姿の幼虫たちを紹介しよう。

ドクガ科

科名のとおり、体表面に歯ブラシ状に密生した毒針毛を持つ幼虫は、いかにも危険そうな姿をしている。ただし、同じ科でも毒をもたない種もあり、別名「コツノケムシ」と呼ばれるヒメシロモンドクガ[口絵22]の幼虫は、その派手な外見にもかかわらず毒針毛はもっていないとされる。ただし、接触すると軽く皮膚に発赤を生じてかゆくなる。マイマイガ[口絵23]は、時に大発生して果樹や森林に大被害を与えることで知られる。

エルモンドクガ[口絵21]は、本州から九州に分布。幼虫の毒針毛をいっしょに繭の糸に巻き込み、さらに成虫がそれをつけて人家の灯りに飛んでくると、人が皮膚にかゆみを生じる場合もある。エルモンドクガの成虫は、名のとおり、白地にアルファベットのLのような黒紋がある。

メイガ科

漢字で「螟蛾」と書く。「螟」は茎の奥深くに隠れている虫の意味でできた漢字で、メイガ科の幼虫を表す。農作物の害虫として知られる種が多く、この科に属する

第3章 ドングリの木を食べるガ・チョウ類

ニカメイガはイネの茎に食い入って枯らす大害虫である。また、ノシメマダラメイガ（ノシメコクガ）などの食品害虫もいる。クロウスムラサキノメイガ[口絵24]や、ナカトビフトメイガ[93ページ、図66-③]、ナカアオフトメイガ[口絵25]のように葉を合わせつづって小さな巣をつくる種、集団で数枚の葉を絹糸でつづって大きな巣をつくる種も多い。成虫の翅の開張は10〜20mm、細長い体をしている。成虫の多くが夜行性で、灯火によく集まる。

シャチホコガ科

メシャチホコ[94ページ、図67]のような種もいる。

ソバシャチホコ[口絵26]の幼虫の場合、胸部のみ葉のような緑色、残りは枯れ葉のような色をしている。シャチホコガ[口絵27]は、日本各地に分布している。手を持ち上げているように見える3対の胸脚が異常に長いのも特徴。成虫は、毛皮をまとったかのようにふさふさの体毛をもっている。

枝にとまった幼虫が、鯱（しゃちほこ）のように反り返った姿勢をとることから科名がついた。ただし、科に属するすべての種が反り返るわけではなく、頭を横に曲げたり、下に曲げたりするものもいる。幼虫の外観も、毛があるもの、ないものなどさまざま。ホソバシャチホコ[口絵26]の幼虫の場合、胸部のみ葉のような緑色、残りは枯れ葉のような色をしし、そり返ってシャチホコのような姿になる。また、若齢幼虫がアリに擬態しているヒ

イラガ科

イラガ[口絵28]の幼虫は、ドングリの木の他、カキ、サクラ、リンゴ、ウメなど各種広葉樹の葉を食べる。冬に、表面が固くまだら模様の何かの卵のような繭（図74。「スズメノショウベンタゴ」と呼ばれる）をつくり、

漢字で「刺蛾」と書く。幼虫は、派手な体の色で、有毒の針毛をたくさんもっており、刺されると非常に痛い。

図74 イラガの繭

蛹ではなく前蛹の状態で越冬する。また、アオイラガ［口絵29］は、近畿に昭和55年（1980）に入った外来種で近似種のヒロヘリアオイラガが広範囲にわたって進出したため発生が少なくなっている。人家の灯りに飛んでくることもある成虫は無毒であるが、成虫が繭から脱皮する時に、腹部に幼虫の毒針毛をつけている場合がある。

シジミチョウ科

「シジミ」は「小さい」の意で、その名のとおり小型のチョウ。成虫は昼間は木の葉にとまって静止しており、夕暮れに活発に飛ぶ。森林にすみ、樹上をすみかとしているやや大型のシジミチョウの一群は「ゼフィルス（森の精）」と呼ばれ、美麗種としてチョウ愛好家に好まれている。ゼフィルスは、次のアカシジミを含めて25種に対してつけられている総称で、ドングリの木との関係は深い。アカシジミ［口絵30］は、母チョウが産卵後、自分の体毛や周囲にある樹皮の繊維などのゴミをかき集めて卵の上にぬりつけ、これを隠す習性がある。大型で翅に眼状紋（目玉模様）をもつ種が多い。エゾヨツメ［口絵31］は、本州から九州に分布。4～5月に出現。若齢から中齢までは、前部に4本の長い突起、後部に1本の長い突起と2本の短い突起をもつ。名前の由来となった成虫の翅にある四つの眼状紋は、翅をとじてとまっている時には隠れているが、体にさわったりすると翅を開いて現れる。大型の絹糸虫で、繭も大きなものをつくる種が多い。本科とドングリの木との関係も深い。

ヤママユガ科

天蚕（てんさん）が属する科である。

カギバガ科

ギバ［口絵32］は、北海道から九州に分布。幼虫は胸部が大きくヘビの頭状、頭部成虫の前翅の先端がカギ状に曲がったものが多いことが、科名の由来。マエキカ

第3章 ドングリの木を食べるガ・チョウ類

に2本の突起、尻に尾のような長い突起をもつのは、この科共通の特徴である。葉の表面をゆるく曲げたところに褐色で目の粗い繭をつくる。

ミノガ科

いわゆる「蓑虫（みのむし）」で、幼虫は糸を出して小枝や葉の小片をつづり合わせ、筒状の巣をつくって生活する。成虫の雌は翅が退化して、幼虫の形状のまま一生を蓑の中で終える。チャミノガ［口絵33］は、本州から九州、台湾、中国に分布。チャやサクラの葉も食害し、若齢幼虫が蓑に入った状態で越冬する。

コウモリガ科

鱗翅目（りんしもく）の中で最も原始的なグループの一つとされる。成虫は、昼間、木の枝にぶら下がるようにとまり、成虫の体の形や日没直前の夕方に飛び回る姿がコウモリのようであることが、名の由来である。

コウモリガ［口絵34］は、北海道から九州、対馬、屋久島に分布。幼虫はクヌギ、キリ、クサギなど数多くの樹幹に食い入ってトンネルをつくり、糸で木屑と糞をつづったもので孔の入り口をふさぐ。

コハモグリガ科

名のとおり、コハモグリガ科の幼虫は葉に潜る、いわゆるリーフマイナーである。葉には、幼虫が潜り進んだ跡が一筆書きのように残る。その習性から、「エカキムシ」「ジカキムシ」とも呼ばれる。

同科 *Phyllocnictis* 属の一種［口絵35］は、恩師の黒子浩先生により新種（未記載種）と同定された。

ホソガ科

成虫の翅が細く、カのようにスマートな外観であることが、科名の由来。翅を広げた開張も10mm以下と非常に小さいグループである。幼虫もとても小さく、多く

が「潜葉性」といって、図75のように葉の半透明の裏面の表皮をはがして、表面との間の空間を住まいにしている。

コブガ科

コブガ科はヤガ科の近縁だが、前翅に隆起した部分（こぶ）があることが名前の由来である。クヌギ、コナラの他に、バラ科のサクラやリンゴの葉を食べる。面白いことに幼虫は、脱皮した頭の部分をそのまま頭の上に重ねていく習性があり、その数を数えると齢数がわかる。

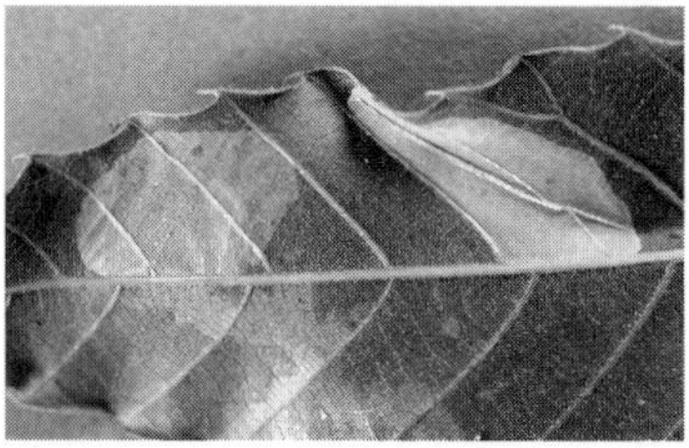

リンゴコブガ[口絵36]は、北海道から九州に分布。

発生時期

春に集中して発生 では、ドングリの木を利用するガ・チョウ類幼虫の発生は、どの時期に集中しているのだろうか？

調査の結果、彼らの発生は一年中ではなく、若葉の時期である春期に集中していることがわかった。図76のとおり、最大の発生ピークは若葉が豊富に存在する5月上旬で、総種数の63％に相当する145種がこの短期間に発生していた。

若葉が生産される4月中旬～5月中旬の春季では71％に相当する164種、4月中旬～6月中旬では80％に相当する185種が集中的に寄生している。

図75 半透明の表皮をはがしてつくったニセクヌギキンモンホソガの幼虫部屋

若葉と成熟葉

幼虫発生が春期に集中する理由は、春期の好適な食餌環境、すなわち、若齢幼虫の食べ物としてふさわしい、水分を豊富に含んだ柔らかい若葉の存在が考えられる。

ドングリの木に寄生する幼虫の発生が春期に集中するこの現象は、西ヨーロッパの落葉性のドングリの木（*Quercus robur*）でフィーニーらも確認している（Feeny, 1970）。彼はドングリの木を利用するガ・チョウ類の幼虫の発生が春期に集中する理由として、成熟葉は若葉に比べて栄養物質（タンパク質など）が少なく、幼虫の成長を妨げるフェノール物質（タンニンなど）が多いという点をあげている。これは、ドングリの木側の加害昆虫に対する化学的防御の一つの方法である。

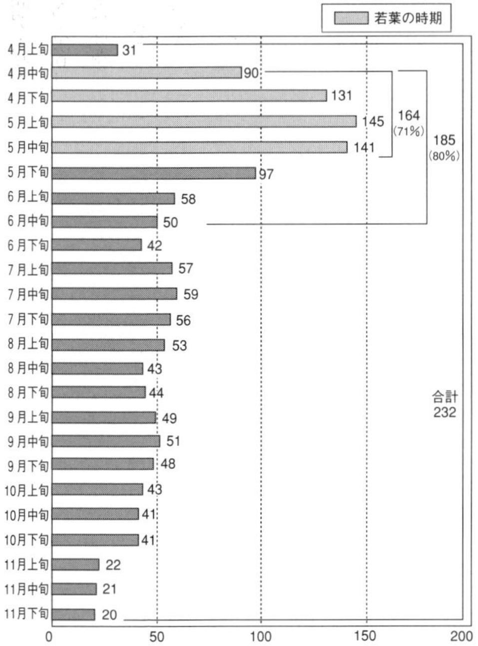

しかし、ぼくは幼虫の発生が春期に集中するのはフィーニーの学説だけではなく、瑞々(みずみず)しい若葉が存在するせいでもあると考えた。そこで、同じ系統の天蚕卵の冷蔵処理を行って孵化時

図76 滋賀県におけるクヌギ、アベマキ、コナラを食べる鱗翅目幼虫の季節的発生消長

時期	個体数
4月上旬	31
4月中旬	90
4月下旬	131
5月上旬	145
5月中旬	141
5月下旬	97
6月上旬	58
6月中旬	50
6月下旬	42
7月上旬	57
7月中旬	59
7月下旬	56
8月上旬	53
8月中旬	43
8月下旬	44
9月上旬	49
9月中旬	51
9月下旬	48
10月上旬	43
10月中旬	41
10月下旬	41
11月上旬	22
11月中旬	21
11月下旬	20

若葉の時期：164 (71%)、185 (80%)、合計 232

期を遅らせた孵化幼虫を使って、クヌギで若葉と成熟葉がある6月に、クヌギの若葉区と成熟葉区とを分けて天蚕の成育調査を行ってみた。

その結果が図77である。成熟葉区は若葉区に比べて食いつき率、幼虫体重、排出した糞の重さ、生存率、飼料効率、そして発育速度はすべて著しく低く、逆に排出した糞の数は多く、成育期間は約2倍を要した。この結果から、成熟葉区の天蚕孵化幼虫は、水分率が低くて堅い葉をいやいや何とか食べて成長していることがわかる。

蚕では、春期～秋期の年中にわたって飼育するために、桑樹（そうじゅ）の手術をして若葉がなるべくたくさん発生するようにして、孵化～2齢幼虫の稚蚕（ちさん）飼育を行っているほどだ。人間の赤ちゃんには水分が多い柔らかい葉、その組み合わせが重要なのである。

ただし、フィーニーは「葉が硬いという物理的障害があるならば、幼虫の歯の筋肉を強化する方法で進化するはずだ」と言っている(Feeny, 1970)。しかし、この理屈はちょっと飛躍しすぎているのではないか。昆虫の孵化幼虫は、筋肉の発達していない赤ん坊でしかない。ぼくは彼の学説と少し違って、ドングリの木に寄生するガ・チョウ類幼虫が春期に集中しているは、フェノール物質の化学的防御に加えて成熟葉の物理的要因があると考えている。

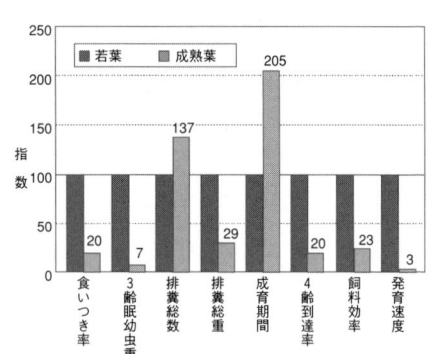

図77　クヌギ飼料葉質の違いによる天蚕1～3齢幼虫成育の相関（若葉を100とした場合）

106

夏～秋型もいる

少し違った角度でドングリの木の幼虫の発生を見てみよう。人間に比べると、昆虫は短命で世代交代が早い。昆虫種によっては１年間に何世代も発生し、野菜害虫であるコナガに至っては10～12世代も発生する。

ドングリの木を利用している幼虫の発生と化性別、季節別で整理しなおすと、面白い事実がわかった。総種数（２３２種）の75％（１７３種）が１化性（1年に1回だけ発生する種）の種なのである。図78の①のとおり、若葉のある時期の４月中旬～５月中旬に限ると、89％（１４６種）が１化性の種だったのである。ドングリの木を利用しているガ・チョウ類はほとんどが１化性で、幼虫の発生が春期に集中しているということになる。

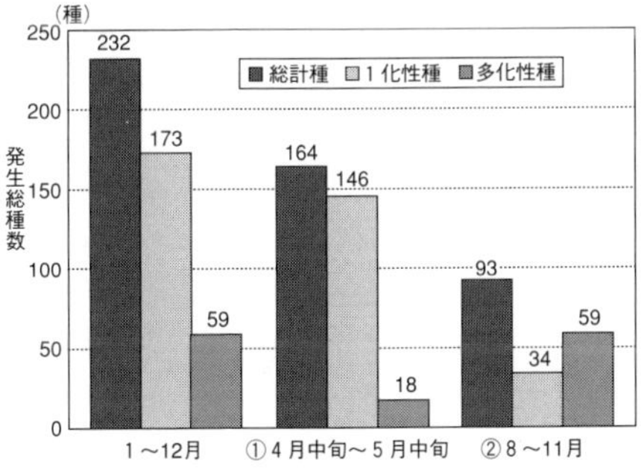

図78　滋賀県におけるクヌギ、アベマキ、コナラを食べる鱗翅目昆虫の化性別の幼虫発生種数

一方、８月以降の発生種は主に多化性（1年に2回以上発生する種）および成育期間が数ヶ月と極めて長い１化性の種であったが、多化性種は春期とあわせて発生するものは少なかった。図78の②のとおり、ほとんどが春期を除いた夏期・秋期（8～11月）で多回発生し、夏期以降の若葉が少ない悪条件時期の植物を利用できるように独自に適応していた。例えば、硬い葉が多い時期に発生している種はホソガ類、ムモンハモグリガ類、コハモグリガ類など葉の内部組織に潜り込むリーフマイナー、イラガ類などの成熟葉の表皮を硬い支脈を残して集団でかじり食うタイプなどの特殊な食べ方をするグルー

プである。

以上のことから、ドングリの木を利用するガ・チョウ類は季節的棲み分けを行っているといえるだろう。発生型は大きく春期型と夏〜秋期型に二分でき、食べられる植物側の生態と深く関わっていたのである。

ドングリの木とガ・チョウ類との深い関係

586種

ぼくの調査ではドングリの木（ブナ科）のクヌギ、アベマキ、コナラの3種（コナラ属）を利用するガ・チョウ類は232種であった。では、日本全体ではどれぐらいの種数になるのであろうか？　そこで、本調査結果と現在までの論文などによる既知記録（植物種および昆虫種を特定できる表現のみ。室内飼育記録を含む）を合わせて整理してみた。

その結果、ドングリの木（ブナ科植物）を利用しているガ・チョウ類は586種というとてつもない数字になった。日本産鱗翅目（ガ・チョウ類）の既知総数がおよそ5750種であるので、この数字は、総種数の11％に相当する。ガ・チョウ類はなんと1割もの種がドングリの木を食べているのだ！　この数字はちょっとびっくりしてしまう。「キャベツの害虫は？」と聞かれたら、「アオムシ、ヨトウムシ、ハスモンヨトウ、ウワバ類、コナガ、ハイマダラノメイガ…」、10種も出てこない。ドングリの木を利用しているガ・チョウ類はなんと600種前後もいる。ガやチョウの仲間はとにかくドングリの木が大好物なのである。

第3章　ドングリの木を食べるガ・チョウ類

2. ドングリの木

ドングリの木とは？

ドングリ（団栗）は、ブナ科植物の果実の総称である。デンプンを蓄えた子葉が堅い果皮に包まれたドングリの実（堅果）の付け根には、殻斗というお椀がついている。

堅果や殻斗の形は、種類によってかなり異なり、一般的になじみのあるドングリをつけるブナ科コナラ属の実だけを「ドングリ」という場合もあるが、本書では堅果全体が殻斗に包まれて育つブナやシイ属、殻斗が鋭いとげ（いが）を持つ姿に進化したクリ属などの実も含めて「ドングリ」と呼ぶこととした。

殻斗をつけた堅果

ドングリの場合、子葉を包む胚乳が退化してなくなっているが、芽生えと生長のための栄養分は子葉の中に充分詰め込まれている。この大きく重い実は、綿毛を持ったタンポポの種のように風で遠くまで運ばれることはなく、移動距離、すなわち分布域の拡大には大きなマイナス要因と感じられる。

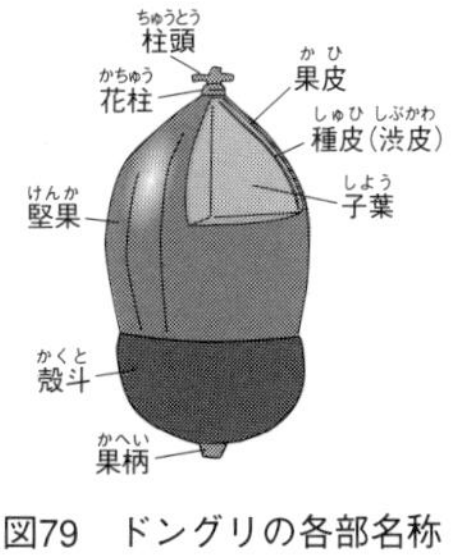

しかし、ドングリは風ではなく、カラスなどの鳥類やリス、ネズミ、サル、イノシシなどの動物を多く引きつけて食べられることで分布域を広げた。保存する場所まで運ばれたり、一部は糞

図79　ドングリの各部名称

とともに排出されるからである。ドングリの木は、鳥や哺乳類にとって魅力のある果実へと進化することによって繁栄したのだ。

ブナ科植物の分布

ブナ科植物は、世界中広範囲に熱帯の山地から亜熱帯、暖帯、温帯まで、特に北半球に多く分布する。世界各地の広葉樹林の優占種となっているものが多く、上記の気温帯の自然林の中心種はドングリの木といってよいほどである。熱帯山地から暖帯にかけては一年中緑色の葉をつけた常緑樹、温帯には冬期に葉が枯れて落ちる落葉樹が多く分布する。ただし、植物分類学上では常緑と落葉の区別は重要な要素にはならない。

北半球を中心にブナ亜科、クリ亜科、コナラ亜科の三つの亜科、ナンキョクブナ属、ブナ属、マテバシイ属、シイ（クリカシ）属、クリ属、トゲカシ属、コナラ属、カクミガシ属の八つの属に分類され、世界にはおよそ600種以上のドングリの木が生息し

表1 世界のブナ科植物　　　　　　　　　　　　［南木、岡本（1985）を改変］

亜　科	属	種　数	分　　布	受粉様式
ブナ亜科	ブナ属	約60種	北半球の2分された温帯	風媒
	ナンキョクブナ属（科）	約10種	南半球	風媒
クリ亜科	クリ属	約10種	北半球で2分された温帯（ブナ属の分布と酷似）	虫媒
	シイ（クリカシ）属	約100種	北半球、東南アジア	虫媒
	マテバシイ属	約100種	北半球、東南アジア、北アメリカ西部	虫媒
	トゲカシ属	1・2種	北半球の北アメリカ西岸	虫媒
コナラ亜科	コナラ属	約300種	北半球ユーラシア大陸と北アメリカ大陸（南アメリカ北部一部含む）の温帯地域に連続的に広く	風媒
	カクミガシ属	3種	北半球、東アジアのマレーシアとタイ、南半球、南アメリカのコロンビア	おそらく風媒

▨…日本には分布しない属

第3章　ドングリの木を食べるガ・チョウ類

日本に分布するドングリの木

属ごとの特徴

日本に分布する21種（1亜種を含む）のドングリの木の分類を113ページの図81に示した。上から順に、まずブナ属は、ブナとイヌブナの2種が分布する。ブナはこれよりも標気候区分なら冷温帯、東北や滋賀県の標高600mを超す高山に育つ。イヌブナは

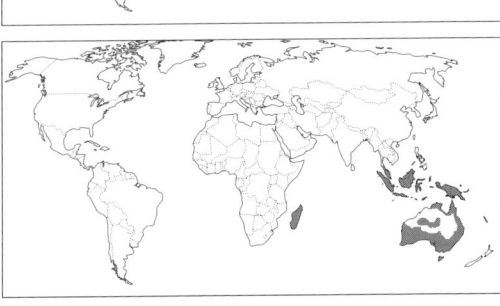

図80　ブナ科植物の分布
（上）ナンキョクブナ科（属）を除くブナ科（Soepadomo, 1972）
（下）ナンキョクブナ科（旧ナンキョクブナ属）（Good, 1974）

ている。

ドングリの木はバイオマス量（乾燥重量）としても、針葉樹を除けば、さまざまな植物科の中で最も多い。現在ではコナラ属に属する樹種が最も多く繁栄し、分布も南半球を除いてドングリの木の分布域のほとんどすべてを覆っている。

第5章で述べるように、上図のように分布域が南半球のナンキョクブナ属と北半球を中心としたそれ以外に二分されるのは、大陸が分離する以前の最も早い時期にナンキョクブナ属が分化したためである。

111

高の低い地域に生える。ブナ材は腐りやすい、狂いが生じやすいなどの性質からあまり伐採されることがなく、自然林として保たれてきた。最近は、この自然林がマスコミなどで紹介されることが多く、一種の観光資源としての役割を果たすまでに知名度が上がっているが、本来、人間の暮らしとは縁の薄い木だったといえる。

次のクリ属は1属1種で、その実は現在も食べ物として親しまれている。その下のシイ属、マテバシイ属もドングリには渋みがなく食用となる。総称して「シイ(類)」と呼ばれ、クリと違って常緑樹で、四国、九州を中心に西日本に分布する。

その下の、コナラ属がブナ科の中では最も分化の進んだグループで、種類が多い。これが、落葉樹のコナラ亜属＝ナラ類(ただし、常緑樹のウバメガシを除く)と、常緑樹のアカガシ亜属＝カシ類(コナラ亜属のウバメガシを含む)の2グループにさらに分類される。前者の中には冬期に枯れた葉が落ちずに枝に残りやすい種があるので、その総称は風が吹くと葉がカサカサと「鳴る(→なら)」ことに由来し、後者は木の材質が「堅い∴カタギ(堅い木)」ことに由来するとされる。ちなみに、ナラ類は英語ではオーク(oak)といい、ヨーロッパにも原産の種が広範囲に分布する。そして、天蚕のエサとなるクヌギ、アベマキ、コナラはナラ類に属する。オークを「カシ」と訳している翻訳書をみかけることがあるが、正確にいえばこれは誤りである。

110ページの表1に示したとおり、ブナ亜科とコナラ亜科に属する種は、一般的に風の力によって受粉させる風媒花(ふうばいか)である。花びらもない地味な花序(かじょ)(花のついた枝全体)に、雌花と雄花とがある。

一方、クリ属、シイ属、マテバシイ属などの花は昆虫を利用することによって受粉させる虫媒

第3章　ドングリの木を食べるガ・チョウ類

```
                                ┌─ ブ  ナ        [落葉] ─── 冷温帯落葉広葉樹林
        ┌ ブナ亜科 ─ ブナ属 ─┤
        │                       └─ イヌブナ      [落葉] ┐
        │                                                 ├─(中間帯(冷温帯と暖温帯の間))
        │              ┌ クリ属 ─── ク  リ       [落葉] ┘
        │              │
        │              │          ┌─ ツブラジイ   [常緑] ┐
        │ ┌ クリ亜科 ─┤ シイ属 ─┤                        ├ 総称
        │ │           │          └─ スダジイ     [常緑] ┤ シイ
        │ │           │                                   │
ブナ科─┤ │           └ マテバシイ属 ┬ マテバシイ   [常緑]┤
        │ │                          └ シリブカガシ [常緑]┤
        │ │                                                │
        │ │                ┌ クヌギ節 ┬ クヌギ     [落葉]│
        │ │                │          └ アベマキ   [落葉]│
        │ │                │                              │
        │ │   ┌ コナラ亜属┤ コナラ節 ┬ コナラ     [落葉]├ 総称
        │ │   │           │          ├ ナラガシワ [落葉]│ ナラ
        │ │   │           │          ├ ミズナラ   [落葉]│
        │ │   │           │          └ カシワ     [落葉]│
        │ │   │           │                              │
        │ └ コナラ亜科 ─ コナラ属 ┤ ウバメガシ節 ─ ウバメガシ [常緑]
        │     │           │                              │
        │     │           │              ┌ イチイガシ   [常緑]┐
        │     │           │              ├ アカガシ     [常緑]│
        │     └ アカガシ亜属 ─────────┤ ツクバネガシ [常緑]├ 総称
        │                                 ├ アラカシ     [常緑]│ カシ
        │                                 ├ シラカシ     [常緑]│
        │                                 ├ ウラジロガシ [常緑]│
        │                                 └ オキナワウラジロガシ [常緑]┘
```

※ウバメガシは分類学上、コナラ亜属に分類されるが、常緑である。

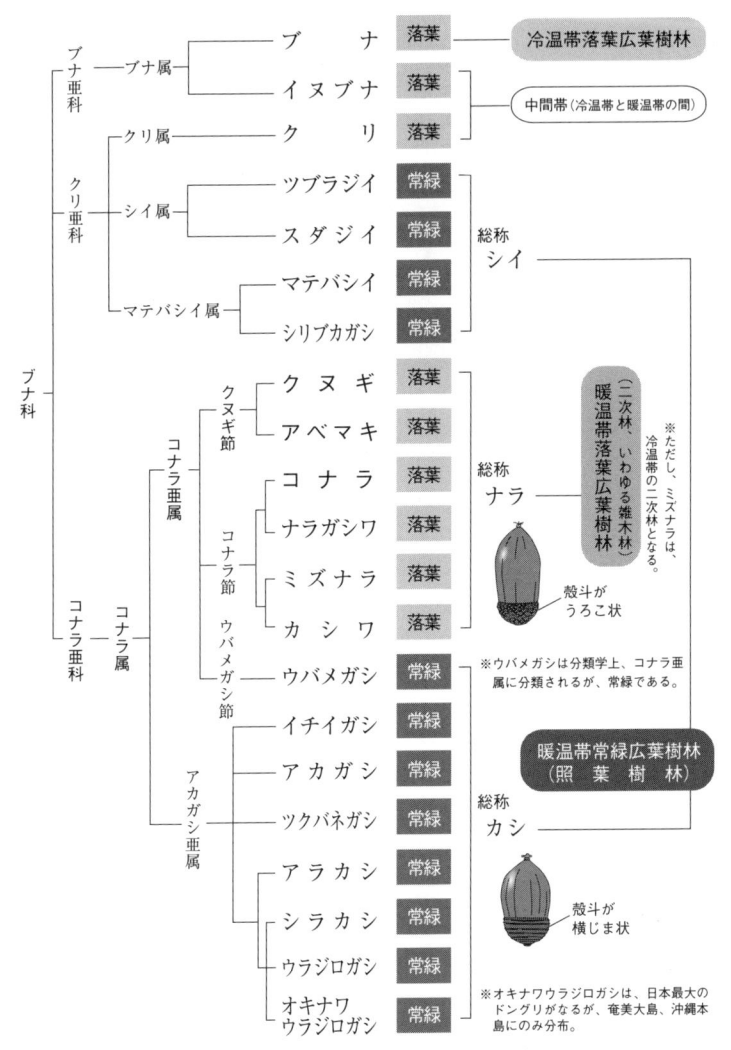

※ただし、ミズナラは、冷温帯の二次林となる。

(二次林、いわゆる雑木林) 暖温帯落葉広葉樹林

殻斗がうろこ状

暖温帯常緑広葉樹林（照葉樹林）

殻斗が横じま状

※オキナワウラジロガシは、日本最大のドングリがなるが、奄美大島、沖縄本島にのみ分布。

図81　日本産ブナ科植物の分類　[北村ら（1979）を改変、加筆]

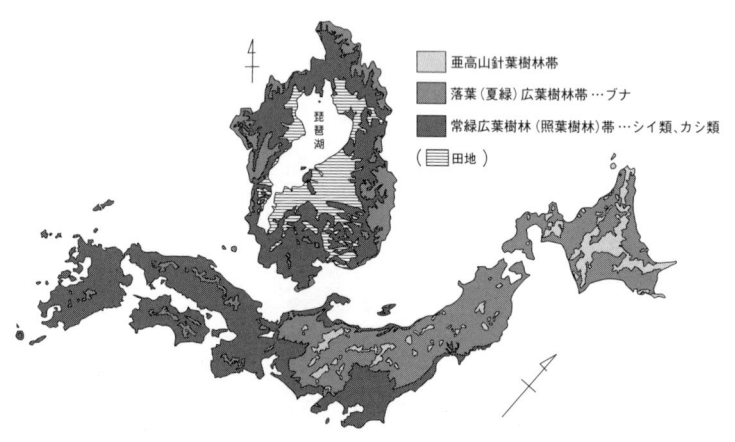

図82 (上) 滋賀県の潜在自然植生図 [小林 (1997) の図を簡略化]
　　　(下) 日本の潜在自然植生図 [宮脇・奥田・藤原・鈴木・佐々木 (1979) の図に加筆]

落葉樹と常緑樹

　花である。こちらも目立つ花びらはないが、強い香りを発して甲虫や花蜂類のような昆虫を誘引する。

　気温が下がり乾燥する冬になる前に、水分の蒸発を減らすために葉を落とす木のことを「落葉樹」といい、逆に、一年中緑色の葉をつけている木のことを「常緑樹」という。ただし、常緑樹もずっと同じ葉をつけているわけではなく、春に新葉が出ると古い葉が落ちて入れ替わっている。常緑樹であるシイ類、カシ類の葉は、落葉樹の葉に比べて小型で肉厚である。また、葉の表面で水分の放散を抑えるクチクラ層が発達していて光沢があるので、「照葉樹」とも呼ばれる。

　気候的・地理的には、落葉樹であるナラ類が東日本に、常緑樹であるシイ類、カシ類が西日本に分布する。図82のように、ちょうど滋賀県は両者の分布が重なる地域である。ブナを除く落葉広葉樹林（ナラ類）は、常緑広葉樹を伐採した跡地などに二次林として現れるため、自然植生を示したこの図には示され

114

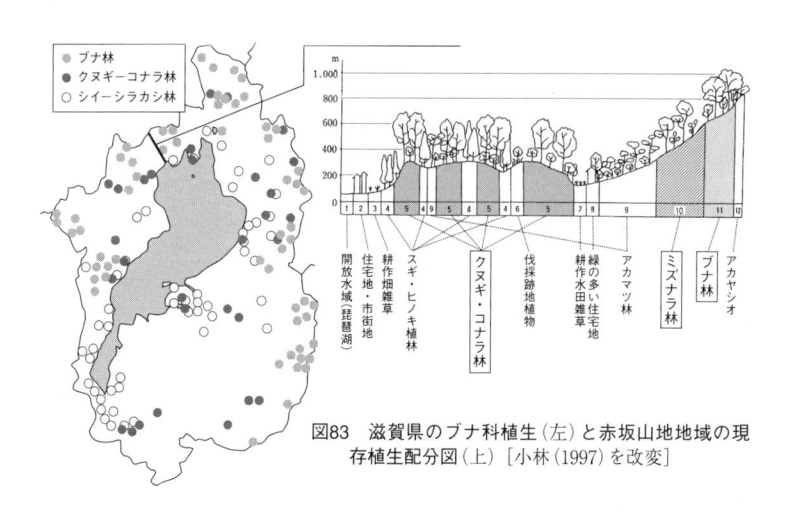

第3章　ドングリの木を食べるガ・チョウ類

図83　滋賀県のブナ科植生（左）と赤坂山地地域の現存植生配分図（上）［小林（1997）を改変］

ないが、かなり広範に分布している。

実地調査をもとに滋賀県におけるブナ林、ミズナラ林、クヌギ―コナラ林（ナラ類）、シイ―シラカシ林（シイ類とカシ類＝常緑広葉樹林）の分布を示したのが、図83である。山地が連なる県境に沿うように最も標高が高い地域にブナ林がみられ、その内側にミズナラ林、さらに内側の標高200m前後にクヌギ―コナラ林が分布、最も琵琶湖に近い平野部に多いのがシイ―シラカシ林であることがわかる。

住宅地（集落）の裏山に広がるクヌギ―コナラ林（ナラ類）は、「里山」、「雑木林」などと呼ばれ、最も日本人と関わりが深かった樹木である。その点については、第5章で再び取り上げることとする。

さまざまなドングリの木

つづいては、それぞれの樹種の特徴などを、葉と堅実の図とともに紹介する。

115

ブナ属

ブナの樹皮は灰白色だが、地衣類などが着いて灰色迷彩模様になることがよくある。材は細工物・家具などに利用される。別名はシロブナ、ソバグリ、ソバノキ、ブナノキ。

イヌブナは、ブナよりも標高が低い場所で散点的に分布する。樹皮は暗灰褐色で、全体に凸凹の突起がある。材質がブナより劣るため、この名がある。

クリ属

クリは、葉がクヌギやアベマキの葉に似ている。実は食用に、材は薪炭材、シイタケの原木になるほか、線路の枕木などにも利用されてきた。野生のものはシバグリと呼ばれ、栽培グリと区別される。

シイ属

ツブラジイのドングリには渋みがなく、食用となる。名前が実が丸い(円らである)ことによる。別名コジイ。

スダジイのドングリは、ツブラジイのドング

図85 クリ　　図84 ブナ(青木繁氏撮影。図85も同)

第3章 ドングリの木を食べるガ・チョウ類

りよりも細長い。阿志都弥神社・行過天満宮(高島市)境内の樹齢1000年以上と推定されるスダジイは、県の自然記念物に指定されている。分類的には、スダジイはツブラジイと同種で、変種の位置づけになっている。

マテバシイ属

マテバシイのドングリは細長い弾丸型で、日本最大。ドングリには渋みがなく食用となる。街路樹などに多く利用されている。

シリブカガシのドングリは、名前のとおり底が深くへこんでいる。殻斗の縁は、パイナップルの果実の表面に似ている。

コナラ属ナラ類
（落葉樹）

クヌギは、人里近くに多く、奥山にはほとんど分布しない。樹皮は灰黒褐色で不規則に割れる。葉は、アベマキやクリの葉とよく似ている。現在も材は薪炭材やシイタケの原木、天蚕の飼料樹として多く栽培され、

アベマキ　　クヌギ　　シリブカガシ　　マテバシイ

図87　クヌギ

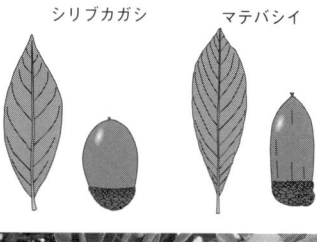

図86　マテバシイ

利用されている。

アベマキは、クヌギとよく似ているが、葉の裏が白っぽいこと、樹肌（じゅはだ）がコルク状であることなどで区別できる。樹皮は灰褐色でコルク層がよく発達し不規則に割れ、指で押すとわずかに弾力がある。昔は樹皮がコルク材として利用された。現在は、薪炭材やシイタケの原木として多く利用されている。

コナラは、薪炭材、シイタケの原木や天蚕の飼料樹、また家具材などとしても利用されてきた。樹皮は灰褐色で、縦に不規則な割れ目が入る。昔、東北地方の山村では、コナラのドングリが食料として利用されていた。

大正期以降、コナラやミズナラの森林は東京近郊への燃料として伐採が進み、多くの古くからの森林が失われた。

ナラガシワは、分布が散点的で全国の生息数は極めて少ない。樹皮はコナラに似ているが、割れ目は幅広くミズナラにも似ている。葉はカシワ、ミズナラに似るが、葉柄（ようへい）が長いので区別できる。材は薪炭材、シイタケの原木や家具材などに利用されている。

ミズナラは、本州北部を中心に比較的寒冷で標高の高い（ブナよりは低い）地域に分布する。材が薪炭材やシイタケの原木、堅いため家具材などに利用されてきた。

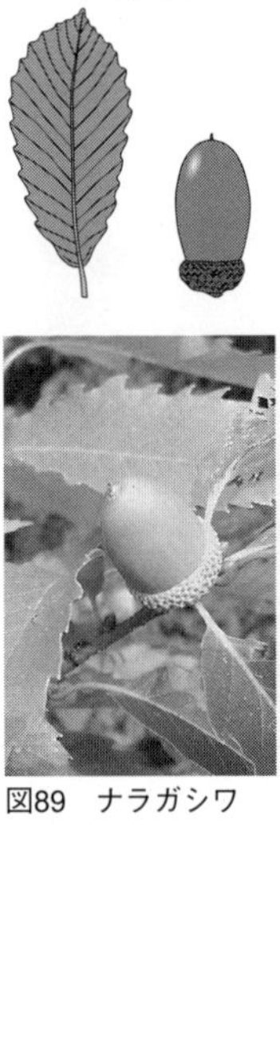

図89　ナラガシワ

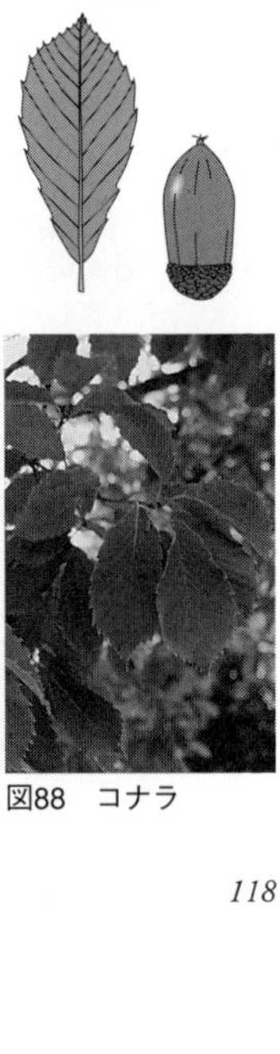

図88　コナラ

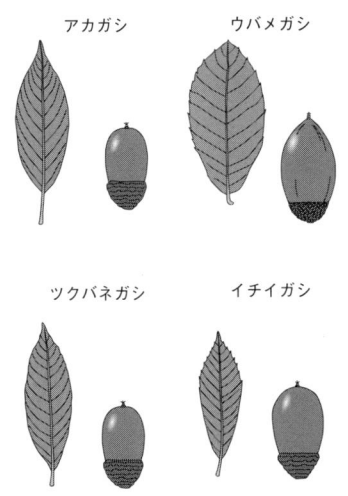

第3章　ドングリの木を食べるガ・チョウ類

カシワも、分布は散点的である。全体的に丸っぽい葉は幅広く大きく、ブナ科の中で最大級。他の落葉性コナラ属も同じ生態的特徴があるが、カシワは特に冬に枯れ葉のまま葉を落とさない傾向が強い。ドングリはクヌギやアベマキに似ており、殻斗を細長い多数の鱗片が覆う。

カシワの語源は「炊葉(カシグハ)」で、食べ物を盛る葉のことを指す。現在でも柏餅を包む材料葉として利用されている。樹皮は、古くから絹織物の染色に利用された。さらに、材は建築材、家具材やウィスキー、ビールやワインの樽材として使用されている。

コナラ属カシ類
（ 常 緑 樹 ）

落葉樹のナラ類に比べ、カシ類は葉の光沢が強い。

ウバメガシは、材が堅い。

和名の由来は、若葉の色が褐色であることから「姥芽(うばめ)」、葉の表面のしわが老女を連想させ「姥女(うばめ)」としたなど諸説がある。生垣、庭木や材は

アカガシ　　ウバメガシ　　カシワ　　ミズナラ

ツクバネガシ　　イチイガシ

図90　カシワ

イチイガシのドングリには渋みがない。材は堅く、船の櫓に利用される。伊香郡木之本町黒田にある樹齢300〜400年の巨木は「野神さん」として祀られ、県の自然記念物に指定されている。

アカガシの材は、赤く堅い。船具や農具に用いられた。

ツクバネガシは、葉が小枝の先に集まってつく姿を、羽子板の羽根に見立てた名前で、建築材などに用いられてきた。

アラカシは、葉表は濃い緑色、葉裏は白っぽい黄緑色で絹毛が密生する。生垣、庭木などに多く利用されている。

シラカシは、樹皮は灰黒色。生垣、庭木などに多く利用されている。

ウラジロガシはシラカシに似るが、葉の裏面が灰白色で鋸歯がやや鋭い。葉表は濃い緑色、裏面はロウ質で灰白色で毛は側脈に密生する。立木神社（草津市）の御神木である木は、県内最大で県の自然記念物に指定されている。

炭（備長炭‥堅い炭）などに多く利用されている。

図91　アラカシ（青木繁氏撮影）

アラカシ

図92　シラカシ（青木繁氏撮影）

シラカシ

ドングリの木を食べるガ・チョウ類の食性

先に586種ものガ・チョウ類が利用しているこどがわかったドングリの木を属別・樹種別にみてみると、さらに面白いことがわかる。下図のとおり、属別では、ブナ属が94種、クリ属が167種、シイ属とマテバシイ属が18種、そして、コナラ属が523種という結果となったのである。

落葉性コナラ属が一番人気

コナラ属の利用種数が飛び抜けて多い一方、シイ属、マテバシイ属の利用数が極端に少ないというように、植物グループ間で著しい偏りがある。ガ・チョウ類は、特にコナラ属に属するドングリの木が大好きだということになる。

次に、コナラ属にしぼって種別に見てみよう。すると、次ページ図94のように、落葉性（ナラ類）が492種、常緑性（カシ類）が138種と、同じコナラ属でも落葉性コナラ属の方が人気がある。

では、さらに細かく落葉性コナラ属の中ではドングリのどの

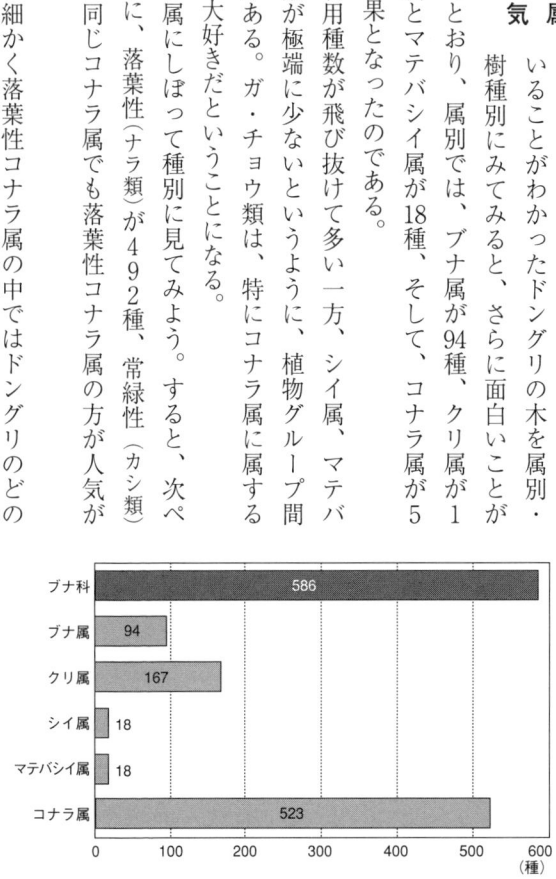

図93 日本でのブナ科の各属植物を食べる鱗翅目幼虫の種数

種類の木に人気があるのであろうか？　すると、クヌギが342種、コナラが280種、アベマキが213種と、この3種のドングリの木の利用種数が多い。次いで、カシワが165種、ミズナラが164種と続く。ナラガシワは32種であるが、これはナラガシワの生息個体数が少ないこと、そのため調査の機会が少なかったことに起因するのだろう。

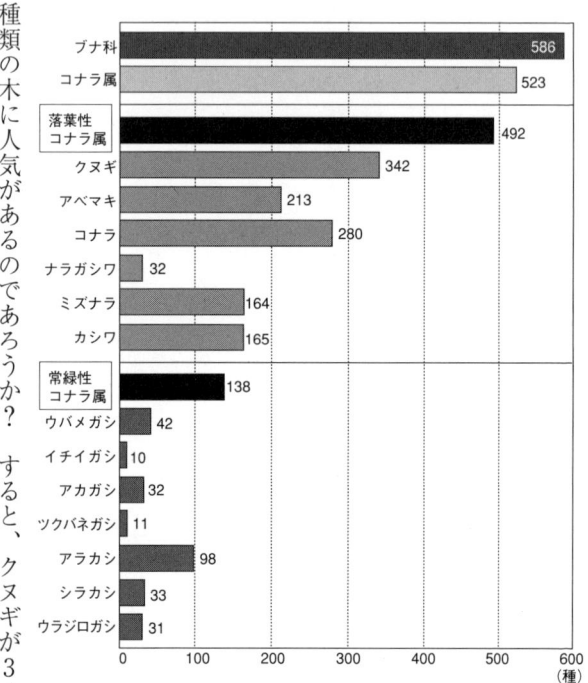

図94　ブナ科コナラ属植物を食べる鱗翅目幼虫の種数

第3章　ドングリの木を食べるガ・チョウ類

欧米での報告

フィーニーは、イギリスのナラ類における鱗翅目幼虫の発生消長について調査し、約200種目を日本以外に転じてみよう。コナラ属植物は、以前から非常に多くの鱗翅目昆虫によって利用されていることが知られている。

にもおよぶ幼虫が若葉の時期の春期に集中発生していることに気がついた(Feeny, 1970)。また、サウスウッドはヨーロッパの落葉・針葉性森林に発生する昆虫の種数をまとめている(Southwood, 1960)。その中で、イギリスの落葉性コナラ属植物を利用している昆虫種数は284種であり、これは森林樹木の中で属レベルでは最も多い種数となり、特に鱗翅目昆虫の占める割合が全体の66％(187種)と最も多い。さらにオプラーは、米国カリフォルニアのブナ科、常緑性 *Quercus agrifolia* (カリフォルニア・ライブ・オーク)に関わる小蛾類35種の生態などをまとめ、ブナ科植物と小蛾類との共進化について論じている(Opler, 1974)。そして、吉田国吉(くにきち)は、北海道でコナラと同じ節に属する落葉性コナラ属のミズナラを食べる鱗翅目大蛾類110種の幼虫の季節的発生消長を調査した(Yoshida, 1986)。

このように、ドングリの木、特に落葉生コナラ属に属する植物は、日本や他国でも非常に多くの鱗翅目昆虫に利用されていることが報告されている。

幼虫の食性

この結果をさらに深く考えるため幼虫の食性に注目してみよう。ここでは昆虫の食性を、次のように定義することにする。

単食性種(かしょく)…ブナ科植物の同じ属内の種しか食べることができない種[1属]。

寡食性種(かしょく)…ブナ科植物内しか食べることができない種(「寡」は少ないの意)[複数属]。

多食性種…ブナ科と合わせて2科以上を食べる種[複数科]。

123

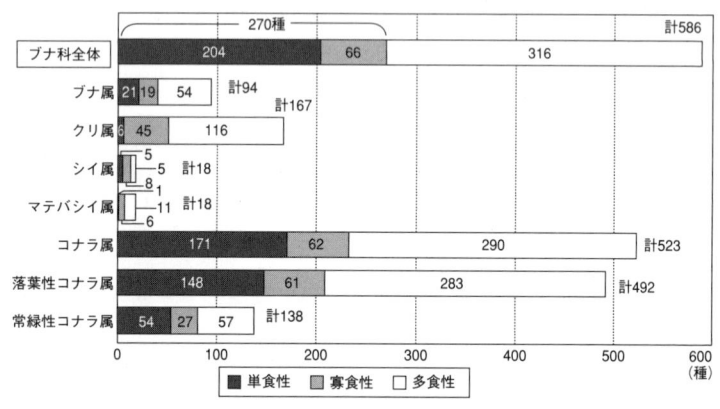

図95 日本産ブナ科（ドングリの木）の属別食性の種数

この定義を使って、日本に生息するドングリの木を食べる586種のガ・チョウ類を食性別に整理してみた。その結果、上のグラフのとおり、日本に生息しているブナ科植物を食べる586種のガ・チョウ類のうち、ブナ科植物全体では、204種（35％）が単食性種、66種（11％）が寡食性種、あわせて270種（46％）、およそ半数がブナ科植物しか食べられない種であることがわかった。つまり、日本に生息するガ・チョウ類5750種の約5％がブナ科植物だけを利用していることになる。専門外の方にはピンと来ないかもしれないが、これはすごい数字なのである。これだけの昆虫のスペシャリスト（特定の食物しか食べることができない種）を有している植物グループは、他には見あたらない。

これらのことから、ドングリの木とガ・チョウ類は非常に深い関係にあるといえるだろう。

植物属別食性

では、ドングリの木（ブナ科植物）を植物属別に見てみよう。何か面白いものが見えてきた。それ

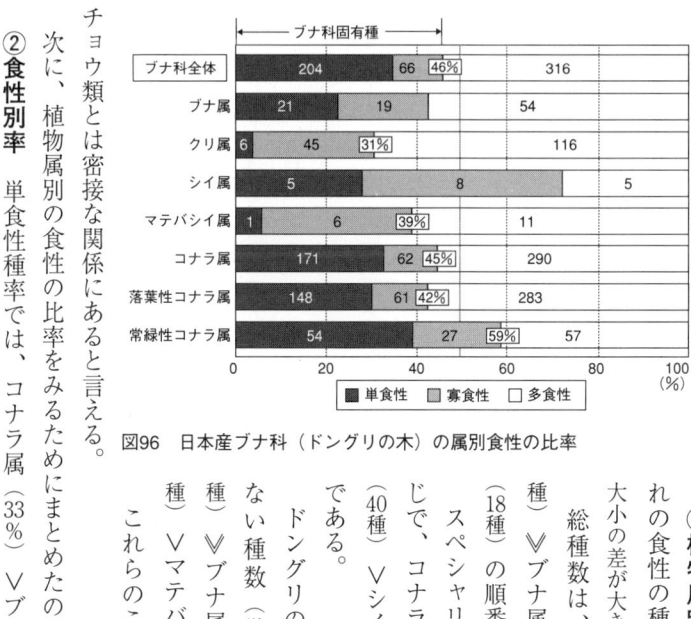

第3章　ドングリの木を食べるガ・チョウ類

図96　日本産ブナ科（ドングリの木）の属別食性の比率

① 植物属別の種数

まず図95は、植物属別にそれぞれの食性の種数をまとめたものである（∨は、∨よりも大小の差が大きい）。

総種数は、コナラ属（523種）∨シイ属（18種）∨クリ属（167種）∨ブナ属（94種）∨シイ属（18種）・マテバシイ属（18種）の順番で多い。

スペシャリスト（単食性種数＋寡食性種数）の種数も同じで、コナラ属（233種）∨クリ属（51種）∨ブナ属（40種）∨シイ属（13種）∨マテバシイ属（7種）の順番である。

ドングリの木の一つの植物属しか食べることができない種数（単食性種）も、やはりコナラ属（171種）∨ブナ属（21種）∨クリ属（6種）∨シイ属（5種）∨マテバシイ属（1種）の順番であった。

これらのことにより、寄生種数ではコナラ属とガ・チョウ類とは密接な関係にあると言える。

② 食性別率

次に、植物属別の食性の比率をみるためにまとめたのが図96である。

単食性種率では、コナラ属（33％）∨ブナ属（22％）∨クリ属（4％）、単食性＋寡

食性率では、コナラ属（45％）＞ブナ属（43％）＞クリ属（27％）の順番になる。

比率からしても、コナラ属とガ・チョウ類とは密接な関係にあるという結果になった。

さらにコナラ属の中で見てみる。落葉性と常緑性植物の違いはあるのだろうか？

③ コナラ属植物

総種数では、落葉性コナラ属（233種）＞常緑性コナラ属（492種）＞常緑性コナラ属（138種）の順番であった。ドングリの木の一つの植物属しか食べることができないスペシャリストの種数（単食性種数＋寡食性種数）では、落葉性コナラ属（148種）＞常緑性コナラ属（54種）の順番であった。

単食性種率では、常緑性コナラ属（39％）＞ブナ属（30％）、単食性＋寡食性率では、常緑性コナラ属（59％）＞落葉性コナラ属（42％）の順番となり、特に大きな差はないようだ。

以上①、②、③の3項目の結果をあわせると、日本に生息するガ・チョウ類は特にクヌギ、アベマキ、コナラなどの落葉性コナラ属植物とは非常に深い関係があると考えてよいだろう。

この結果と、第5章で詳しく述べる原始的鱗翅類のモグリコバネガ類とスイコバネガ類がガ・チョウ類の最初に利用した被子植物がブナ科植物であると考えられる事実とを合わせると、さらにドングリの木とガ・チョウ類とは密接な関係にあることが示唆（しさ）される。

一方、クリ属は総寄生種数がコナラ属に次いで多いグループであるが、多食性の種の割合がおよそ7割を占め、ブナ科に属する他の属とは内容が異なることがわかる。特に、クリ属しか食べることができないクリ属のスペシャリストが少なく、すなわちクリ属に特化した食性の種が少な

第3章　ドングリの木を食べるガ・チョウ類

いという特徴がある。クリとクヌギの葉は外観がとても似ているが、昆虫の食性から見ると大きな違いがあることは大変面白い。クリとクヌギとは、歴史的進化過程での違い、あるいは葉に含まれる化学物質の違いがあるのだろうか？

大きな視野から見ると、食植性（植物をエサとする）昆虫が利用しやすい植物の条件として、次の二つがあげられるだろう

① 幼虫の成育期間に、常に植物の生育が寸断されず、葉などの食べる部分が豊富に存在する。
② その植物が広域に存在する。

① は当然として、② が大切なのは、その種（昆虫）の分布域を拡大させ、異所性（地理的隔離）種分化による種数の増加を可能にするという理由である。多様化していれば、その一部は過酷な環境変化などによる淘汰にも耐えて生き残り、種を維持繁栄させることができるだろう。ガ・チョウ類に好まれるコナラ属植物は、この二つの条件を満たしている。

昆虫食性から植物目相互の類縁関係を探る

多食性のガ・チョウ類

次に、ブナ科植物を食べる多食性のガ・チョウ類の食性を詳しくみてみよう。

日本産のドングリの木を利用している586種うち、単食性と寡食性種（ブナ科植物だけを食べる種）を除いた多食性（ブナ科植物とともにそれ以外のグループの植物も食べる）319種について、植物目という大きなグループ別に食性解析を行った［植物分類は田村

127

図97 ブナ科と他の目の植物を食べる例と、類縁度を算出した式

ブナ科との類縁度
$$= \frac{5 \times 1\text{目指数} + 4 \times 2\text{目指数} + 3 \times 3\text{目指数} + 2 \times 4\text{目指数} + 1 \times 5\text{目以上指数}}{5 \times 100} \times 100$$

（1974）を使用した」。

これは、多食性のガ・チョウ類の食べる植物の選び方に、偏りがあるかどうかをみるためである。ブナ科とともに選ばれる頻度が高い植物は、ブナ科との類縁関係が高いと想定できる。

まず、利用頻度順で調査した。例えば、図97のA〜Eの多食性5種で考えた場合、昆虫食性からみたブナ科とカバノキ科との類縁度は［(5×20（1目の多食性は5種の内1種だけなので指数は20、以下同じ）+4×20+3×20+2×20+1×20）/5×100］×100が60となる。ブナ科とバラ目との類縁度では［(5×0+4×20+3×20+2×20+1×20)/5×100］×100で類縁度が40、そしてブナ科とムクロジ目との類縁度が［(5×0+4×0+3×0+2×0+1×20)/5×100］×100で類縁度が4、というように、ブナ科植物以外を食べる多食性319種が食べる15の植物目について利用頻度をカウントした（目ではないが、ブナ科と同じブナ目であるカバノキ科も一つ入れている）。

その数値をまとめたのが、図98上段のグラフである。ブナ科以外に利用頻度が高かった植物目は、バラ目（218種）、イラクサ目（105種）、ヤナギ目カバノキ科（116種）、

第3章 ドングリの木を食べるガ・チョウ類

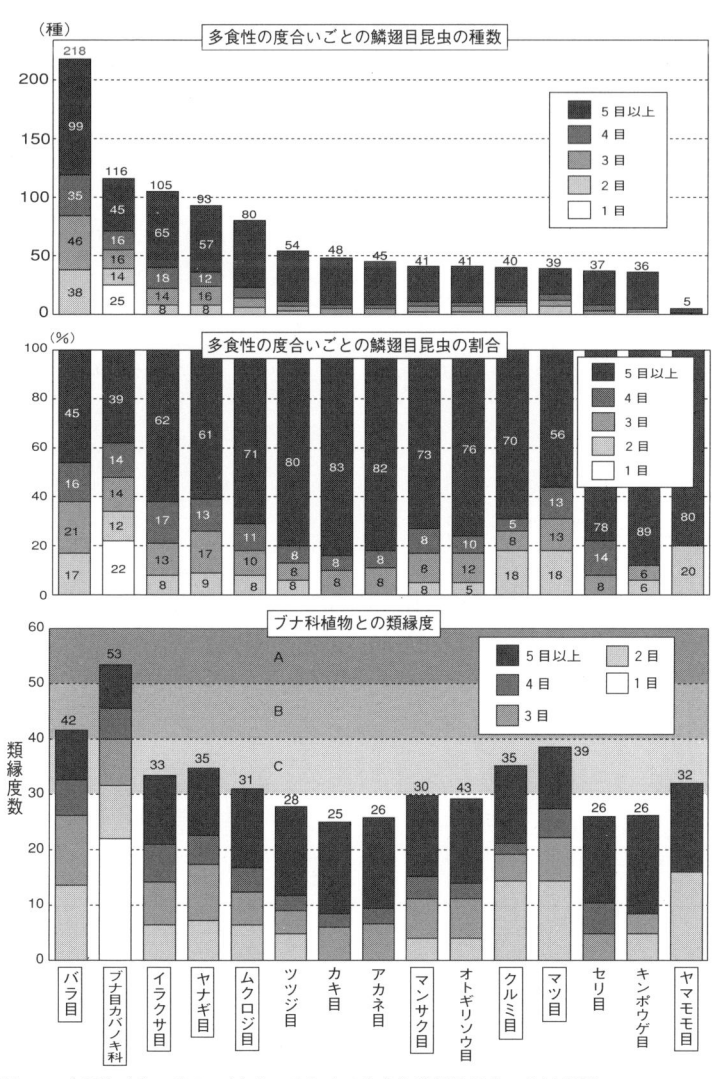

図98 ブナ科（ドングリの木）をエサとする多食性鱗翅目昆虫の食性解析

これを、ブナ科以外に食べる目数ごとの割合に加工したものが、同図中段のグラフで、白い（色の薄い）部分の割合が大きいほどブナ科植物との類縁度は高いといえる。さらにこの違いを強調するため、ブナ科植物との類縁度を表すものとして、128ページ図97中の式を用いた。この数値をグラフ化したものが図98下段で、類縁度が棒グラフの高さで表されている。

この結果、昆虫食性における食樹的植物目類縁関係は、ブナ科植物（ドングリの木）と類縁度が高い順番で、Aランクがブナ目カバノキ科（53）、Bランクがバラ目（42）、Cランクがヤナギ目、クルミ目、イラクサ目、ヤマモモ目、ムクロジ目、マンサク目（ここでは、裸子植物のマツ目を除いて考えることとする）となった。

バラ目との高い類縁度

カバノキ科（イヌシデ、ハンノキなど）は同じブナ目であるので当然として、バラ目はバラ科、マメ科などを含む種数が多く、分布域も広いグループである。バラ科には、サクラ、ウメ、モモ、リンゴ、ナシ、ビワ、バラ、イチゴなど、園芸用、果樹用に広く栽培されている植物が多い。そのため、第2章の最後や第3章の前半で述べたように、ガは「害虫」として駆除の対象となってきたわけである。

昔、この結果と同様なことを言っていた科学者がいた。ヘリングは、多食性（広義の寡食性）昆虫全体の食性から、バラ科とヤマモモ科、ヤナギ科、ブナ科などの植物のグループとの深い関係を言及したのである（Hering 1950）。確かに、ドングリの木（ブナ科）や果樹（バラ科が主流）は同様な害虫が多く発生する。これはヘリングの言及に関係しているのかも知れない。

第3章　ドングリの木を食べるガ・チョウ類

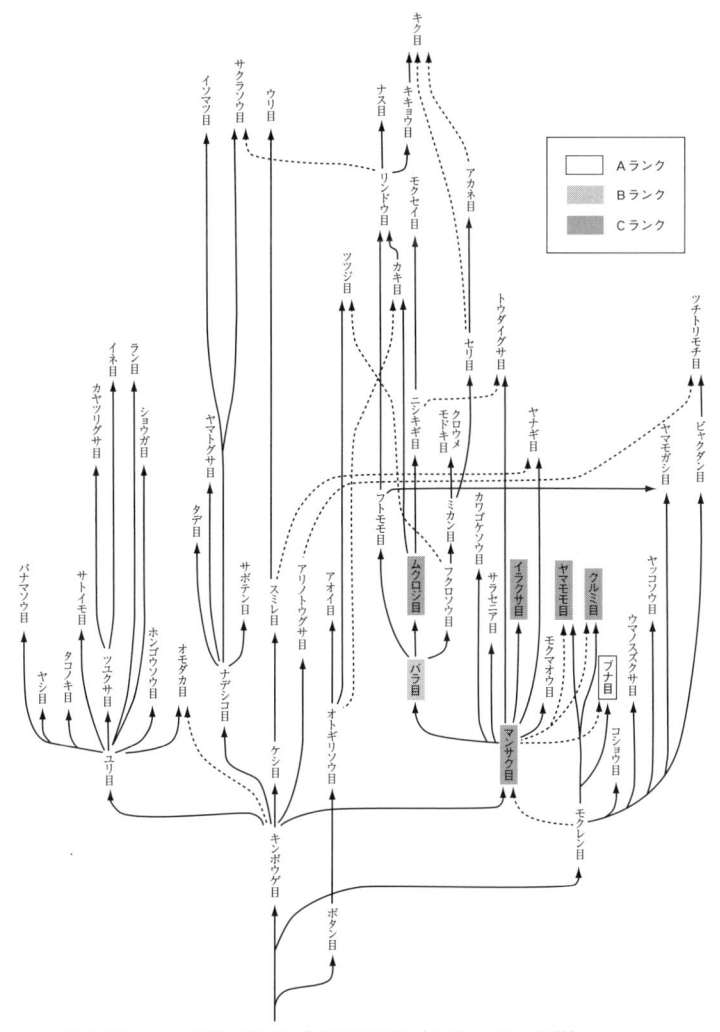

図99　被子植物の目の系統類縁図と食樹的類縁度（田村、1974に加筆）
　　　　注：最近はDNA調査によってさらに整理された植物系統樹もある。

また、これらのブナ科植物（ドングリの木）と食樹的類縁関係が高い植物目と、図99として示した植物系統樹（田村 1974）とを比較すると、興味深い事実が判明した。これらの植物目は「植物分類学的にも近縁な植物グループ」なのである。

すなわち、ブナ科植物（ドングリの木）をエサとしている多食性鱗翅目昆虫は、無作為に植物を利用しているのではなく、ちゃんとブナ科植物と近縁なグループを優先的に選んで利用しているのだ！ この事実は、鱗翅類（ガ・チョウ類）とブナ科植物との歴史的共進化と何らかの関係があるかも知れない。

これまで、昆虫食性と植物との類縁関係についての考察を試みた昆虫学者は多いが、目に見える相関関係は見い出されていない。これは、研究者の多くの専門が昆虫のグループであり、小さな昆虫グループ（例えばアゲハチョウ科）の食性から植物との相関関係について考察しようと試みたためまとまりがつかないものになったのではないだろうか？ この調査で昆虫食性と植物との相関関係が見い出されたのは、①調査が植物側からであること、②鱗翅目昆虫の1割以上という多くの食性のデータを解析したこと、③ブナ科と鱗翅類（ガ・チョウ類）には歴史的に共進化関係が推定できること、の3点が揃ったことが考えられる。

ちなみに、カイコが食べるクワは、Cランクのイラクサ目に属する。

小蛾類との特別な関係

第3章　ドングリの木を食べるガ・チョウ類

小型のガはエサとの関係を保ちやすい

次に小蛾類にしぼって考えてみよう。ガ・チョウ類は、大蛾類と小蛾類とに分けることができる。小蛾類は原始的なガのグループで、そのエサとなる植物とは密接な関係にあると考えられている。なぜなら、小蛾類の幼虫は葉に潜ったり、新葉をつづったりして隠れ家のシェルターをつくる種が多く、外部とはほぼ隔離状態でエサを食べることができる。そのため、鳥や昆虫などの天敵による外圧はほとんど受けない（ただし、寄生性天敵は存在する）。また、小蛾類は文字どおり小型のものが多く、1個体が1世代を完了するまでに要する食べ物は微量ですみ、他の昆虫との争奪戦を行うこと（他種昆虫からの外圧）も少ないと考えられる。

したがって、大蛾類に比べて小蛾類は、これらの外圧によって食べる植物の転換（淘汰）を強いられる可能性は低く、エサとなる植物、あるいはその近縁種と長期間にわたって密接な関係が保たれることになると考えられる。特に、ホソガ科などの葉潜り（リーフマイナー）は、葉の組織内に潜って外部と完全に遮断された状態で個々に生活するため、外圧が特に少なく、エサとした植物が、その種と近縁関係にない種に変更される、または拡大される可能性は極めて少ないものと考えられる。

日本産のガ・チョウ類のうち、現時点で発見されている総種数は約5750種である。その1割余りにあたるドングリの木をエサとするガ・チョウ類586種のうち、32％に相当する185種が小蛾類［小蛾類に属する種はおよそ1900種（井上ら、1982）（日本産鱗翅目昆虫の約37％）］に属する。それらの食性は、単食性が87種、寡食性が24種、そして多食性が74種と大きく三つに分類で

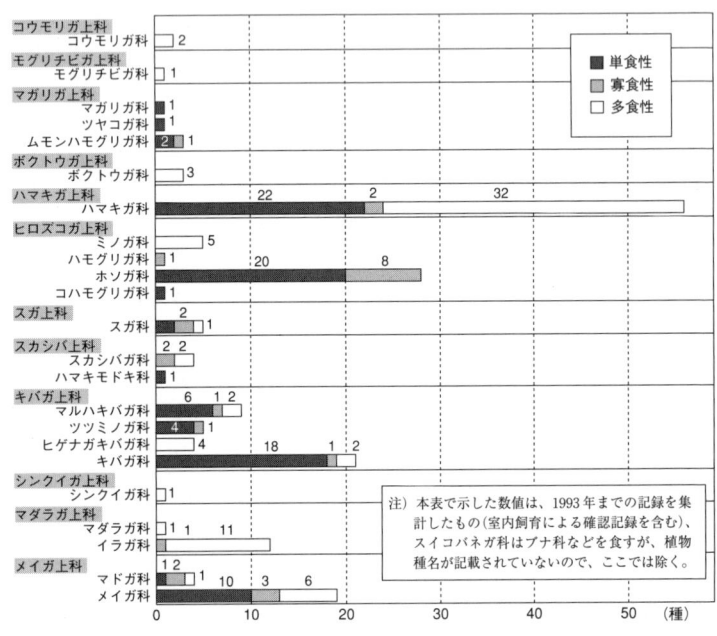

図100　日本産ブナ科植物（ドングリの木）を食べる小蛾類の食性別種数

注）本表で示した数値は、1993年までの記録を集計したもの（室内飼育による確認記録を含む）、スイコバネガ科はブナ科などを食すが、植物種名が記載されていないので、ここでは除く。

きる。すなわち、単食性と寡食性をあわせた全体の60％に相当する110種が、ブナ科植物（ドングリの木）だけしか食べることができない種となる。つまり、小蛾類単独では、先に述べたガ・チョウ類全体のブナ科利用率46％よりもブナ科固有種率がはるかに高い。

特に関係の深い小蛾類の4科

小蛾類の科別にその食性をみた次ページの図100・101から、特にドングリの木を食べる種数が多いのは、ハマキガ科（54種）、ホソガ科（27種）、キバガ科（21種）およびメイガ科（17種）の4科だとわかる。特に種数の多いハマキガ科は図には示していないが、さらにハマキガ亜科、ヒメハマキガ亜

134

第3章　ドングリの木を食べるガ・チョウ類

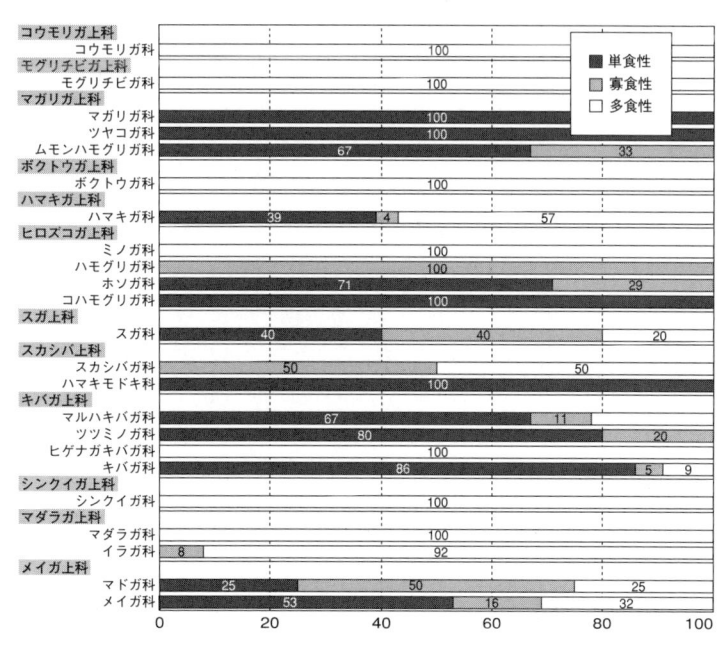

科名	単食性	寡食性	多食性
コウモリガ上科			
コウモリガ科	100		
モグリチビガ上科			
モグリチビガ科	100		
マガリガ上科			
マガリガ科	100		
ツヤコガ科	100		
ムモンハモグリガ科	67		33
ボクトウガ上科			
ボクトウガ科	100		
ハマキガ上科			
ハマキガ科	39	4	57
ヒロズコガ上科			
ミノガ科			100
ハモグリガ科			100
ホソガ科	71		29
コハモグリガ科			100
スガ上科			
スガ科	40	40	20
スカシバガ上科			
スカシバガ科	50		50
ハマキモドキガ科	100		
キバガ上科			
マルハキバガ科	67	11	
ツツミノガ科	80		20
ヒゲナガキバガ科			100
キバガ科	86	5	9
シンクイガ上科			
シンクイガ科			100
マダラガ上科			
マダラガ科			100
イラガ科	8	92	
メイガ上科			
マドガ科	25	50	25
メイガ科	53	16	32

図101　日本産ブナ科植物（ドングリの木）を食べる小蛾類の食性別割合

科およびマダラハマキガ亜科の3亜科に分けられている。このうち、ハマキガ亜科の単食性（ブナ科植物だけを食べる）種数の割合は23％と低率であるが、ヒメハマキ亜科では74％と高く、特にヒメハマキ亜科はドングリの木と密接な関係にあると言える。もう一つのマダラハマキガ亜科では、ブナ科植物を食べる種は発見されていない。このように、同じ科の中でもグループごとにブナ科植物への依存度が異なる。

また、ハマキガ科幼虫の摂食習性は、名前が示すとおり葉を巻くあるいはねじるもの（リーフローラー）、1〜数枚の新葉あるいは成熟葉を合わせつづるもの（リーフタイアー）、新しく伸びた枝や果実、種子に孔を

開けて侵入するもの（ボーラー）などがある。また、タマバチのつくった虫瘤（「むしこぶ」とも読む。ハチなどの昆虫が産卵・寄生した植物の組織が肥大した瘤状のもの）の組織を食べる変わり者もいる。

一方、コウモリガ科、ボクトウガ科、ミノガ科、ヒゲナガキバガ科、シンクイガ科、マダラガ科およびイラガ科に属する種（小蛾類と言っても大型種が多い）はドングリの木を利用しているが、これらのグループはすべて多食性で、ブナ科植物とは特に深い関係はなさそうである。

最後に、グラフでは示していないが、第5章で詳しく述べる原始的な鱗翅目とされる小蛾類のスイコバネガ科に属する種は、主にカバノキ科、ブナ科のコナラ属、クリ属類の葉にも潜るリーフマイナーであることを指摘しておきたい。

ブナ科とカバノキ科は近縁なグループであり、カバノキ科はブナ科と同じブナ目に属し、ブナ科より進化したグループとされている。原始的鱗翅目であると考えられる小蛾類のグループがブナ科植物の葉に潜孔するという事実は、鱗翅目昆虫とブナ科植物（ドングリの木）との密接な関係を強調させる。

以上述べたように、小蛾類とドングリの木との間には特に密接な関係がある。この2者がどのような過程を経てこうした関係になったのか、今後これらの関係が解明されることを期待したい。

第4章 昆虫の食性と種分化

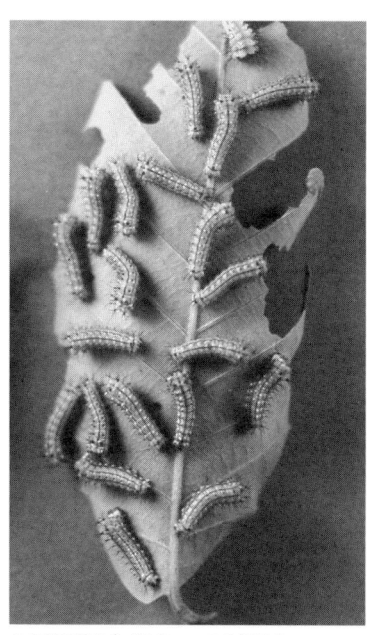

クヌギの葉を食べるヤママユ1齢幼虫

1. 天蚕の食性

従来の植樹分類

ここで、天蚕（ヤママユガ）の食性について整理してみよう。すでに知られている天蚕の食樹は、ブナ科が14種、クルミ科が1種、ヤマモモ科が1種、ヤナギ科が2種、クワ科が2種、ニレ科が1種、バラ科が4種、そしてマンサク科が1種、合計26種（野外記録17種、飼育・産卵記録4種、要再検討記録5種）である。

寡食性に近い多食性昆虫

このように天蚕は8科の植物を食べる多食性の種に属するが、ブナ科植物を中心に食べていることがわかる。すなわち、天蚕は「寡食性（1科内だけしか食べることができない食性）」に近い多食性昆虫といえるのだ。

天蚕のブナ科植物以外の利用植物は、クルミ科（クルミ目）、ヤマモモ科（ヤマモモ目）、ヤナギ科（ヤナギ目）、

表2　従来のヤママユ（天蚕）の食樹分類表

食樹〔26種（野外記録17種、飼育・産卵記録4種、要再検討記録5種）〕

ブナ科（14種）	クルミ科（1種）	ニレ科（1種）
クヌギ	*Carya* sp.…?	ケヤキ…?
アベマキ		
コナラ	ヤマモモ科（1種）	バラ科（4種）
カシワ	ヤマモモ	カリン
ミズナラ		リンゴ
Quercus robur	ヤナギ科（2種）	（ヤマ）サクラ…?
ウバメガシ	嵩柳…△	カマツカ
アカガシ	キヌヤナギ…△	
アラカシ		マンサク科（1種）
シラカシ…△	クワ科（2種）	アメリカフウ
カシ類	*Morus* sp.…?	
クリ	クワ…?	
スダジイ		
マテバシイ		
イヌブナ…▲		

△：飼育による食樹
▲：野外で枝に産付卵が確認された食樹
?：再確認が必要と思われる食樹

第4章　昆虫の食性と種分化

ニレ科・クワ科（ニレ目）、バラ科（バラ目）、マンサク科（マンサク目）であり、ちょうど前述したドングリの木（ブナ科植物）を利用する多食性鱗翅目群の利用植物と一致している。天蚕は、ドングリの木を利用する多食性昆虫群の代表的な種であるといってもよいだろう。

最良の食べ物を74種から探す

では、天蚕の潜在的食性はあるのだろうか？　ドングリの木、落葉性コナラ属、クヌギなどが本当に天蚕の最良の食べ物なのだろうか？　そこで、遺伝的にそろっている同一天蚕系統の卵を使用し、一定の飼育条件で、さまざまな科にまたがる74種の多種多様な植物を孵化幼虫から4齢幼虫になるまで食べさせて成育経過を調査した。与えた葉はすべて水分を多く含んだ柔らかな若葉とし、卵を冷蔵して孵化を遅らせて、多種多様な植物の若葉がそろう5月下旬から一斉に飼育を開始した。

多種多様な植物を食べる昆虫は、①誘引要素、②かぶりつき要素、③飲み込み要素の3要素がそろって初めて食べ物として利用することができる。

まず、孵化幼虫の74種の若葉へのかぶりつき要素（食いつき率）を見てみた［50～100％の種数／供試した全種数（最良：100％、良：50～95％、悪：5～45％、食いつかなかった：0％）］。142ページの図102に示したとおり、かぶりつき要素では、ブナ目のブナ科、カバノキ科に属する植物は問題なく食いつき、その他クルミ科、ヤマモモ科、ヤナギ科、ニレ科、バラ科、マンサク科に属する植物の一部も食いつくことができた。食いつき率が最良と良であるこれらの植物科に属する33種の植物にはかぶりつき要素が備わっていると考えられる。その他の科に属する植物には潜在的食性もなかった。

表3　天蚕の摂食試験に用いた樹種74種の一覧

ブナ目（21種）
　ブナ科（15種）
　　クヌギ
　　アベマキ
　　コナラ
　　ナラガシワ
　　カシワ
　　ウバメガシ
　　アラカシ
　　シラカシ
　　イチイガシ
　　クリ
　　イタグリ
　　シイグリ
　　スダジイ
　　マテバシイ
　　ブナ
　カバノキ科（6種）
　　イヌシデ
　　クマシデ
　　アカシデ
　　サワシバ
　　ヤシャブシ
　　ハンノキ

クルミ目（2種）
　クルミ科（2種）
　　オニグルミ
　　サワグルミ

ヤマモモ目（1種）
　ヤマモモ科（1種）
　　ヤマモモ

ヤナギ目（4種）
　ヤナギ科（4種）
　　コウリュウ
　　シダレヤナギ
　　カワヤナギ
　　ヤマナラシ

イラクサ目（3種）
　クワ科（1種）
　　クワ
　ニレ科（2種）
　　ムクノキ
　　アキニレ

バラ目（13種）
　バラ科（12種）
　　カマツカ
　　リンゴ
　　ヒメリンゴ
　　アンズ
　　スモモ
　　カリン
　　ウメ
　　モモ
　　ナシ
　　ヤマザクラ
　　サクラ
　　ウワミズザクラ
　マメ科（1種）
　　ハナズオウ

マンサク目（9種）
　マンサク科（8種）
　　アメリカフウ
　　フウ
　　マンサク
　　トキワマンサク
　　ニシキマンサク
　　ヒュウガミズキ
　　イスノキ
　　マルバノキ
　トベラ科（1種）
　　トベラ

ムクロジ目（2種）
　カエデ科（1種）
　　タカオカエデ
　トチノキ科（1種）
　　トチノキ

ニシキギ目（3種）
　モチノキ科（1種）
　　ウメモドキ
　ニシキギ科（2種）
　　マユミ
　　マサキ

フトモモ目（1種）
　フトモモ科（1種）
　　ユーカリ

セリ目（1種）
　ミズキ科（1種）
　　ハナミズキ

アカネ目（1種）
　スイカズラ科（1種）
　　タニウズキ

オトギリソウ目（2種）
　ツバキ科（2種）
　　ツバキ
　　サザンカ

モクセイ目（2種）
　モクセイ科（2種）
　　レンギョウ
　　オリーブ

ツツジ目（2種）
　ツツジ科（2種）
　　ウスノキ
　　ツツジ

モクレン目（3種）
　モクレン科（3種）
　　モクレン
　　シキミ
　　コブシ

キンポウゲ目（1種）
　クスノキ科（1種）
　　クスノキ

カツラ目（1種）
　カツラ科（1種）
　　カツラ

マツ目（1種）
　マツ科（1種）
　　アカマツ

次に、食いついてから成長できるか、すなわち③飲み込み要素を4齢まで成長できる割合（到達率）で見てみた（1頭区5連制）。

4齢到達率が高かった（100％）植物——24種

① ブナ目ブナ科13種（クヌギ、アベマキ、コナラ、ナラガシワ、カシワ、ウバメガシ、アラカシ、シラカシ、クリ、イタグリ、シイグリ、マテバシイ、ブナ。イチイガシだけは飼育失敗で調査できなかったが、おそらく4齢到達率は100％）
② ブナ目カバノキ科4種（イヌシデ、アカシデ、クマシデ、サワシバ）
③ バラ目バラ科4種（カマツカ、リンゴ、ヒメリンゴ、アンズ）
④ ヤナギ目ヤナギ科1種（コウリュウ）
⑤ マンサク目マンサク科2種（アメリカフウ、フウ）

結果、天蚕はブナ科植物は何でも食べることができるとわかった（スダジイは除く）。また、今回の調査まで、同じブナ目に属しブナ科と近縁なカバノキ科に関する野外記録はまったくなかったが、天蚕に与えると多くの種の葉を問題なく食べる。やはり、天蚕の食性は植物の類縁関係に関係しているのか？ さらに、バラ科、ヤナギ科、マンサク科植物も食べることができることが確認できた。

4齢到達率がやや劣った（70〜80％）植物——2種

① ヤマモモ目ヤマモモ科1種（ヤマモモ 80％）
② イラクサ目ニレ科1種（ムクノキ 70％）

図102　孵化幼虫の74種の若葉へのかぶりつき要素（食いつき率）

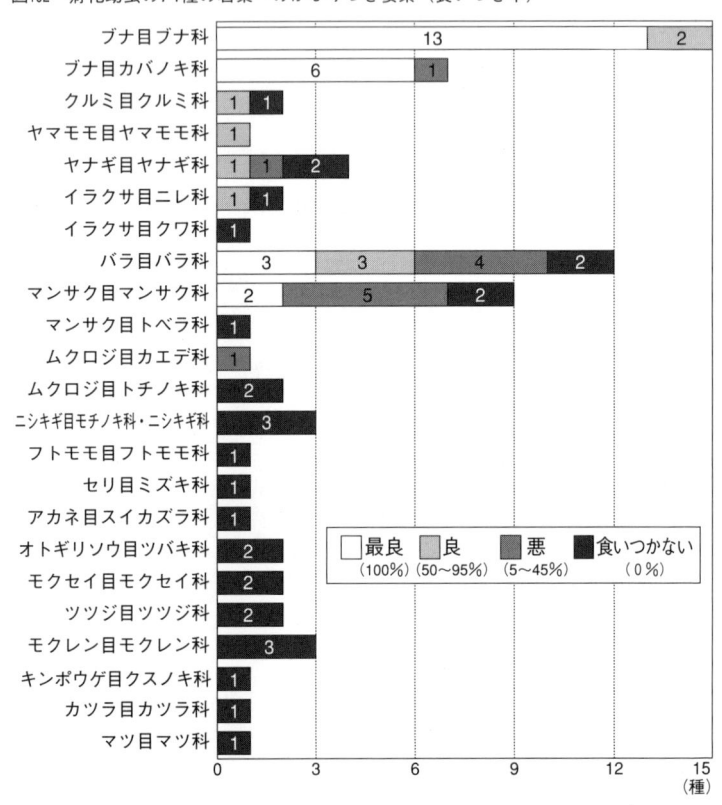

科	最良(100%)	良(50〜95%)	悪(5〜45%)	食いつかない(0%)
ブナ目ブナ科	13			2
ブナ目カバノキ科	6	1		
クルミ目クルミ科	1			1
ヤマモモ目ヤマモモ科	1			
ヤナギ目ヤナギ科	1	1		2
イラクサ目ニレ科	1			1
イラクサ目クワ科				1
バラ目バラ科	3	3	4	2
マンサク目マンサク科	2		5	2
マンサク目トベラ科				1
ムクロジ目カエデ科		1		
ムクロジ目トチノキ科				2
ニシキギ目モチノキ科・ニシキギ科				3
フトモモ目フトモモ科				1
セリ目ミズキ科				1
アカネ目スイカズラ科				1
オトギリソウ目ツバキ科				2
モクセイ目モクセイ科				2
ツツジ目ツツジ科				2
モクレン目モクレン科				3
キンポウゲ目クスノキ科				1
カツラ目カツラ科				1
マツ目マツ科				1

第4章　昆虫の食性と種分化

天蚕はブナ科、バラ科、ヤナギ科、マンサク科以外にヤマモモ科、ニレ科の一部も食べることができるようだ。

4齢到達率が劣った（5〜30％）植物――2種
① バラ目バラ科1種（スモモ　30％）
② クルミ目クルミ科1種（オニグルミ　5％）

4齢に到達できなかったが、ある程度まで揃って成育できた植物――3種
① ブナ目ブナ科1種（スダジイ）
② バラ目バラ科1種（カリン）
③ クルミ目クルミ科1種（オニグルミ）

スダジイは、3齢まで他植物より成育期間は長く要したが問題なく成育した。しかし、不思議なことに3齢以降に成育が停止し、全頭が4齢まで到達できなかった。他地域ではスダジイが天蚕の飼料樹として使用されており、この結果が何を意味しているのか不明であるが、使用した天蚕系統かスダジイ系統かが影響していると考えており、少なくとも、この系統の組み合わせで植物側（スダジイの若葉）から幼虫に対してフェノール物質などの化学的防御（他のブナ科植物と異なる消化阻害物質）があったのではないかと考える。

他にもスダジイと同じような植物がある。カリンやオニグルミでも同じように、2齢までは問題なく成育したが、2齢以降、ほとんどの個体で成育が停止した。カリンとオニグルミも天蚕幼虫の成育を妨げる何らかの消化阻害物質が存在しているのではないだろうか？

図103 孵化幼虫の4齢到達率

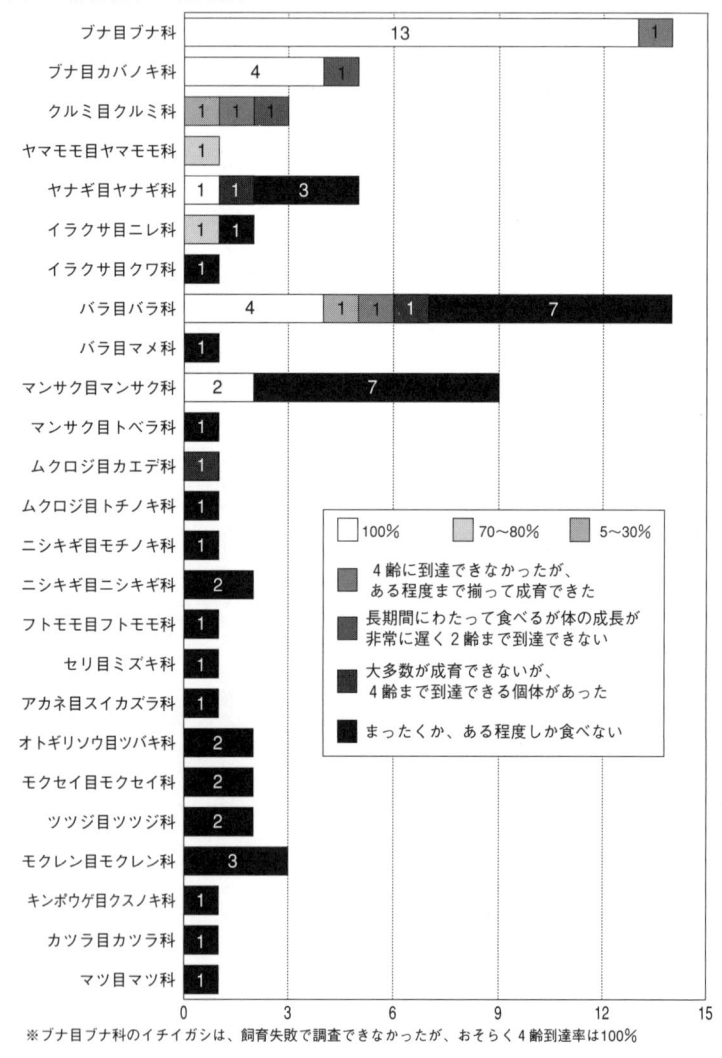

科	データ
ブナ目ブナ科	13 / 1
ブナ目カバノキ科	4 / 1
クルミ目クルミ科	1 / 1 / 1
ヤマモモ目ヤマモモ科	1
ヤナギ目ヤナギ科	1 / 1 / 3
イラクサ目ニレ科	1 / 1
イラクサ目クワ科	1
バラ目バラ科	4 / 1 / 1 / 1 / 7
バラ目マメ科	1
マンサク目マンサク科	2 / 7
マンサク目トベラ科	1
ムクロジ目カエデ科	1
ムクロジ目トチノキ科	1
ニシキギ目モチノキ科	1
ニシキギ目ニシキギ科	2
フトモモ目フトモモ科	1
セリ目ミズキ科	1
アカネ目スイカズラ科	1
オトギリソウ目ツバキ科	2
モクセイ目モクセイ科	2
ツツジ目ツツジ科	2
モクレン目モクレン科	3
キンポウゲ目クスノキ科	1
カツラ目カツラ科	1
マツ目マツ科	1

凡例:
- □ 100%
- ▨ 70〜80%
- ▨ 5〜30%
- ■ 4齢に到達できなかったが、ある程度まで揃って成育できた
- ■ 長期間にわたって食べるが体の成長が非常に遅く2齢まで到達できない
- ■ 大多数が成育できないが、4齢まで到達できる個体があった
- ■ まったくか、ある程度しか食べない

※ブナ目ブナ科のイチイガシは、飼育失敗で調査できなかったが、おそらく4齢到達率は100％

長期間にわたって食べるが体の成長が非常に遅く2齢まで到達できない植物——1種

① ブナ目ハンノキ科1種（ハンノキ）

これは、食いつき率が40％とかなり高く、食いついた個体は問題なく食べて多くの糞を排出して長生きする。しかし、幼虫の成長が非常に遅く、2齢まで達成できない不思議な植物である。1齢要経過日数はクヌギなどで飼育すると4日程度（排糞数約180個）であるが、ハンノキでは平均して14日間も1齢のまま成長しないまま食べ続け、平均246個の糞を排出した。この植物にもスダジイなどと異なる天蚕幼虫に対する成長阻害物質が存在するのだろうか。今後、詳しい調査が必要である。

大多数が成育できないが、4齢まで到達できる個体があった植物——3種

① ヤナギ目ヤナギ科1種（シダレヤナギ）
② ムクロジ目カエデ科1種（タカオカエデ）

これら2種についての結果は、天蚕の食性の遺伝的個体変異が考えられる。これら3種の植物の葉を食べることができる個体を選抜し、交雑することによって、これら3種の植物を食べて成長する天蚕の系統を育成することも可能だろう。

まったくか、ある程度しか食べることができない植物——39種

その他の供試植物はまったく食べないか、少しかじる程度の植物が下記のとおりである。これら食べられないという事実も重要な調査結果だ。これは、成虫の産卵植物の選択と幼虫の潜在的食性とが食い違うことがあるからである。

典型的な食性

以上の天蚕幼虫の摂食試験の結果を表4にまとめ、さらにこれまでに知られている天蚕の食樹とあわせて、新たな天蚕の食樹表を作成した（148ページ、表5）。

この結果から、将来の天蚕飼料樹として、ブナ科、カバノキ科が属するブナ目とクルミ目、ヤマモモ目、ヤナギ目、イラクサ目、バラ目、マンサク目、ムクロジ目に属する植物が利用できる可能性が見出された。

次に、天蚕の成育が確認できた植物中で、ブナ科植物（ドングリの木）とブナ科以外の植物とは、天蚕の成育に違いがあるのであろうか？ クヌギの場合を100とした指数で、1～3齢成育期間、3齢眠幼虫体重、1～3齢幼虫糞数・乾燥糞重を比較してみた。その結果が149ページの図104である。

ブナ科植物はブナ科以外の植物より、1～3齢成育期間が短く、3齢眠体重（3齢幼虫で一番重い時期の体重）が重く、1～3齢幼虫糞数が少なく、1～3齢幼虫乾燥糞重は重い傾向にあった。このことから、天蚕はブナ科以外の植物を利用できるが、ブナ科の飼料樹としては、ブナ科植物（ドングリの木）よりかなり苦労して食べていることがわかる。天蚕の飼料樹としては、ブナ科植物が最も適しているという結果となった。すなわち、これらの調査から天蚕は2科以上にわたって食べる多食性昆虫であるが、ブナ科植物を中心として食べる寡食性に近い多食性昆虫であるということである。

食性的にみると、天蚕がエサとするブナ科以外の植物グループは、カバノキ科、ヤマモモ科、ヤナギ科、ニレ科、バラ科、マンサク科であった。これは、第3章で述べたブナ科植物をエサにする鱗翅目幼虫の利用植物グループと一致している。

第4章　昆虫の食性と種分化

表4　ヤママユ（天蚕）の摂食試験結果

A：最良　　E：すべてが4齢まで成育できないが、多数がある程度まで成育できる
B：良　　　F：ほとんどが成育できないが、4齢まで成育できる個体がある
C：やや良　G：すべてが4齢まで成育できないが、ある程度まで成育できる個体がある
D：可能　　△：飼育記録のみ。野外記録なし

食樹	既知記録	摂食試験 供試	摂食試験 評価	食樹	既知記録	摂食試験 供試	摂食試験 評価
ブナ目群（34種）				ヤナギ目亜群（3種）			
ブナ目亜群（27種）				ヤナギ目（3種）			
ブナ目（24種）				ヤナギ科（3種）			
ブナ科（19種）				コウリュウ	△	○	B
クヌギ	○	○	A	キヌヤナギ	△	—	—
アベマキ	○	○	A	シダレヤナギ	—	○	F
コナラ	○	○	B	イラクサ目亜群（4種）			
ナラガシワ	○	○	B	イラクサ目（4種）			
カシワ	○	○	B	クワ科（2種）			
ミズナラ	○	—	—	*Morus* sp.	?	—	—
Quercus robur				クワ M. sp.	?	○	×
ウバメガシ	○	○	B	ニレ科（2種）			
イチイガシ	—	○	C?	ムクノキ	—	○	DF
アカガシ	○	—	—	ケヤキ	?	—	(G)
アラカシ	○	○	A	バラ目群（10種）			
シラカシ	△	○	B	バラ目亜群（9種）			
クリ	○	○	B	バラ目（7種）			
イタグリ	—	○	B	バラ科（7種）			
シイグリ	—	○	D	カリン	○	○	E
スダジイ	○	○	E	リンゴ	○	○	C
マテバシイ	○	○	C	ヒメリンゴ	—	○	D
ブナ	—	○	A	スモモ	—	○	DF
イヌブナ	△	—	—	アンズ	—	○	CF
カバノキ科（5種）				（ヤマ）サクラ	?	○	GC
イヌシデ	—	○	D	カマツカ	—	○	C
クマシデ	—	○	D				
アカシデ	—	○	D	マンサク目（2種）			
サワシバ	—	○	D	マンサク科（2種）			
ヤシャブシ	—	○	D?	アメリカフウ	○	○	A
クルミ目（2種）				フウ	—	○	B
クルミ科（2種）							
Carya sp.	?	—	—	フウロソウ目亜群（1種）			
オニグルミ	—	○	E	ムクロジ目（1種）			
ヤマモモ目（1種）				カエデ科（1種）			
ヤマモモ科（1種）				タカオカエデ	—	○	F
ヤマモモ	○	○	C				

表5　ヤママユ（天蚕）の新食樹分類表　食樹種42種

```
ブナ目群（32種）
  ブナ目亜群（27種）
    ブナ目（24種）
      ブナ科（19種）
        クヌギ
        アベマキ
        コナラ
        ナラガシワ
        カシワ
        ミズナラ
        Quercus robur
        ウバメガシ
        イチイガシ…※
        アカガシ
        アラカシ
        シラカシ（コナラ属）
        クリ
        イタグリ…※
        シイグリ（クリ属）…※
        スダジイ（シイ属）…△
        マテバシイ（マテバシイ属）
        ブナ
        イヌブナ（ブナ属）…？
      カバノキ科（5種）
        イヌシデ…※
        クマシデ…※
        アカシデ…※
        サワシバ…※
        ヤシャブシ…※
  クルミ目（2種）
    クルミ科（2種）
      Carya sp.…？
      オニグルミ…▼
  ヤマモモ目（1種）
    ヤマモモ科（1種）
      ヤマモモ
```

※：摂食試験でのみ確認
△：系統によって2〜3齢以降成育できない？
▼：ある程度成育できる
▲：幼虫まで（個体により成育可能）
？：記録にはあるが未確認

```
  ヤナギ目亜群（2種）
    ヤナギ目（2種）
      ヤナギ科（2種）
        コウリュウ
        シダレヤナギ…▲
  イラクサ目亜群（3種）
    イラクサ目（3種）
      クワ科（1種）
        Morus sp.…？
      ニレ科（2種）
        ムクノキ…※
        ケヤキ…▲
バラ目群（10種）
  バラ目亜群（9種）
    バラ目（7種）
      バラ科（7種）
        カリン…△
        リンゴ
        ヒメリンゴ…※
        スモモ…※
        アンズ…※
        カマツカ
        （ヤマ）サクラ…▼
    マンサク目（2種）
      マンサク科（2種）
        アメリカ（モミジバ）フウ
        （タイワン）フウ…※
  フウロソウ目亜群（1種）
    ムクロジ目（1種）
      カエデ科（1種）
        タカオカエデ（モミジ）…▲
```

以上をまとめると、天蚕はブナ科植物を食べる鱗翅目幼虫の典型的な食性を示している。この一致が偶然であったとしても、大変不思議な事実だ。

第 4 章　昆虫の食性と種分化

図104　樹種別の天蚕成育状況の比較

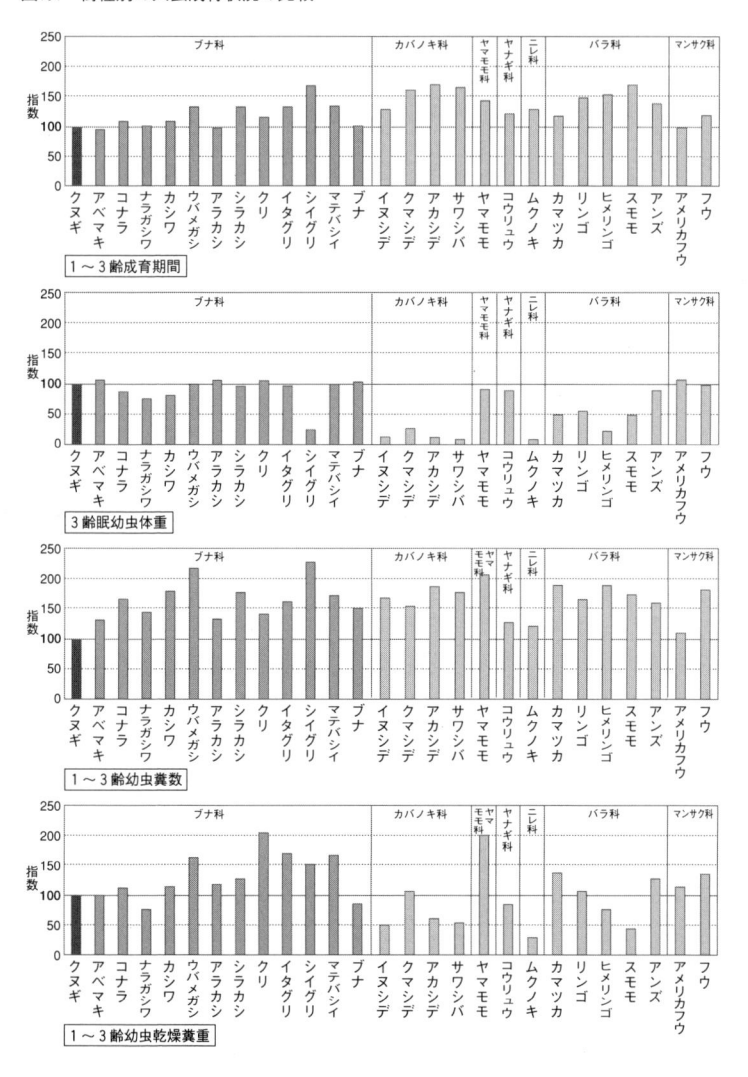

2. 植物と昆虫との攻防

前節では天蚕の食性についてとりあげ、つづいて、全般的な昆虫の食性について整理してみよう。

昆虫の食性

食性の分類

昆虫には、植物だけ、動物だけ、または植物と動物の両方をエサとする種がいる。その中には、枯れ葉、腐植、菌、動物死骸、動物糞など、一風変わったものを食材にしている昆虫もいる。植物をエサとする昆虫の食性は、研究者によってさまざまな分類がなされているが、ヘリングによる論文が一番よく整理されているので、151ページにその表を掲げた。まず、昆虫の食性は、真食性と異食性の二つに分けることができる。真食性とは普通の植物を食べて育つ食性、一方、異食性とは緊急・偶然的に食べる稀な食性である。一般の食性である真食性の植物を食べる食性は、単食性（植物属内）、寡食性（植物科内）、多食性（植物2科以上）、雑食性（植物・動物食）の4部門に大きく分け、さらにそれぞれの程度によって、第1～3級（多食性は2級まで）に区別することができる。

食べるまで

昆虫がある植物を食べるまでの過程を考えてみよう。食べるという行動が完了するまでには、天蚕の摂食試験のところで述べたとおり、①誘因要素、②かぶりつき要素、③飲み込み要素の三つの条件が必要だとされている。

第4章　昆虫の食性と種分化

表6　詳しく分けた植物を食べる昆虫の食性（Hering, 1950）

食　性	説　明
A．真食性	普通の植物を食べて育つ
Ⅰ．単食性	1属、または1種の植物（←広義の単食性）
1）第1級単食性	属内のただ1種の植物だけ
2）第2級単食性	属内の2、3種の植物
3）第3級単食性	属内のほとんどすべての種の植物
Ⅱ．寡食性	さまざまな属［科・目（系列）・類縁関係のある複数目（系列）］に属する植物
1．組織的寡食性	相互に類縁関係にある植物
1）第1級寡食性	科内の複数属（←広義の寡食性）
2）第2級寡食性	目（系列）内の複数の科
3）第3級寡食性	類縁関係のある複数目（系列）内の複数の科
2．分離的寡食性	相互に類縁関係のない少数の植物
Ⅲ．多食性	相互に類縁関係のない多くの植物の属に属する植物
1）第1級多食性	植物綱内のさまざまな植物 （例：極めて多様な双子葉植物を食べる） ┐広義の 　　　　　　　　　　　　　　　　　　　　│多食性
2）第2級多食性	さまざまな綱の植物 （例：双子葉植物および単子葉植物を食べる）┘
Ⅳ．雑食性	葉緑素をふくむほとんどすべての植物 （例：顕花植物および隠花植物を食べる）
B．異食性	類縁関係にない植物を危急・偶然的に時折食べる （ある属内の植物を食べるが、そこに混生した類縁関係のない属を食べる）

（参考）植物の分類階級

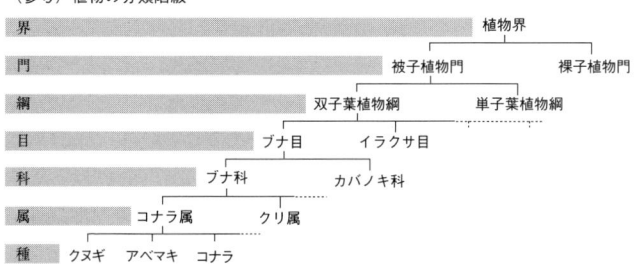

界	植物界
門	被子植物門　　裸子植物門
綱	双子葉植物綱　　単子葉植物綱
目	ブナ目　　イラクサ目
科	ブナ科　　カバノキ科
属	コナラ属　　クリ属
種	クヌギ　アベマキ　コナラ

すなわち、昆虫が植物を食べ物として利用するためには、次の3段階の課程が必要となる。

① 昆虫の成虫、または孵化した幼虫が、匂い物質や色などの情報をキャッチして、自分で食べる植物までたどり着く。
② その植物に成虫が産卵する。または、幼虫がかぶりつく。
③ 幼虫がかぶりついた植物を飲み込む。

この三つの課程のうち、一つでもクリアできないと昆虫はその植物を利用できないということになる。かぶりついた後、昆虫側のその植物の分解酵素の有無、植物側のその昆虫に対する科学防御物質の有無など、これら飲み込み要素がクリアされなければ成育を完了できない。

感覚器官

モンシロチョウの成虫の場合を考えてみよう。本種の雌は通常青色、または黄色〔成虫のエサ（花蜜）がある花の色〕に誘引されるが、産卵行動に入る前には緑色（幼虫のエサである葉の色）に誘引されるようになる。チョウは緑色の植物体にとまると、前脚で葉をたたき、前脚の先端の跗節にある化学受容器で食草であるアブラナ科

図106　モンシロチョウの前脚

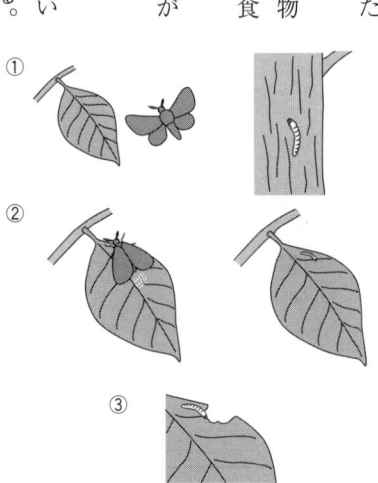

図105　幼虫が植物を食べるまでの三段階

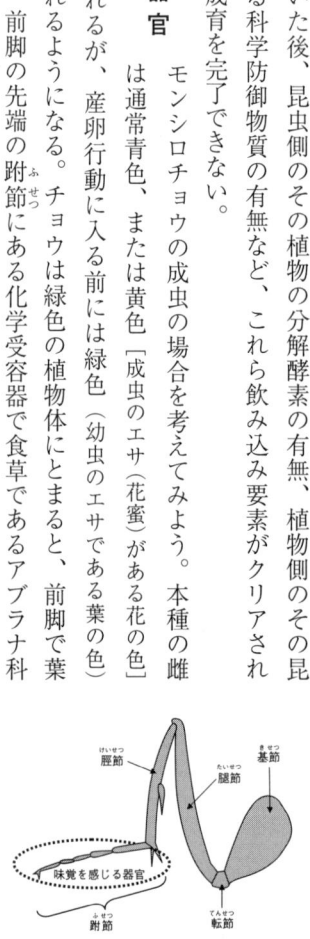

第4章　昆虫の食性と種分化

植物に含まれるカラシ油の存否を感知する。次いでカラシ油を感知すると、産卵を開始する。モンシロチョウは、視覚→接触化学刺激の2段階により成人の産卵行動が引き起こされる。カラシ油は多くの昆虫類にとって摂食忌避（食べることを嫌って避ける）物質、または産卵抑制物質として働くが、逆にモンシロチョウなどの特殊な種では、逆に摂食誘引（促進）、または産卵促進物質として働くのだ。

幼虫の場合、①②の選択には眼の他に、触角や口器の付属器官である小腮（しょうさい）という小さな突起物が関わっていると言われている。試しに、カイコガの幼虫にある小腮の感覚器官の部分を除去してやると、クワの葉以外の多くの植物を食べることができるようになる。ただし、クワ以外も食べるとはいえ、それを消化して栄養源とするには体内の分解酵素の有無も問題となるため、クワの葉以外では最後まで成長できないのが普通である。

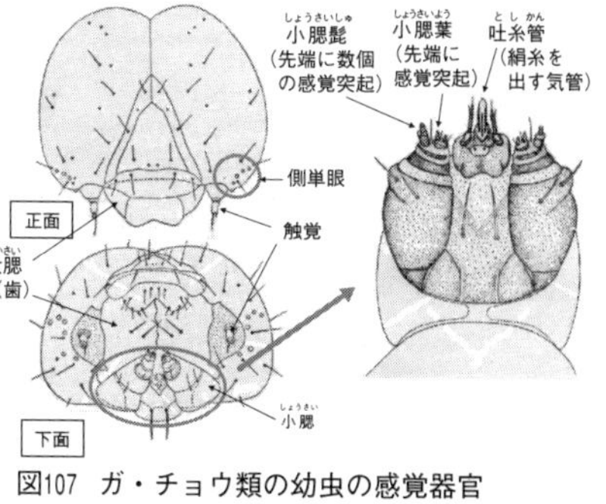

植物側の防御

植物側では、昆虫類に食べられないように、「物理的防御」や「化学的防御」を行うよう進化してきた。

図107　ガ・チョウ類の幼虫の感覚器官
［動物系統分類学（黒子.1972）より］

物理的防御

まず、「物理的防御」とは、植物の生態、形態などが関与する。例えば、昆虫種の発生期間を逃れて新芽を出す季節的隔離方法（常緑樹では新芽を6月にずらして出す種や草本では春期、夏期、秋期の間などに枯れる種がある）や、植物体に剛毛やトゲを生やして昆虫が食べにくくする形態的手法など、物理的な方法で昆虫の成長を妨げるやり方である。

化学的防御

二つ目の「化学的防御」とは、昆虫に対する毒素や昆虫の成長を妨げる化学物質を植物体内に生産することによって、昆虫に食べられないように進化することである。

例えばドングリの木では、成熟した葉の中にフェノール物質（タンニンなど）をたくさん生産することで昆虫に食べられにくくしていることがわかっている（Feeny, 1970）。フェノール物質は、消化を妨げる物質で昆虫の成長を妨げる。

よく知られた例として、クリのクリタマバチ耐虫性品種がある。昭和16年（1941）に岡山県で初めて被害が見つかったクリタマバチの被害は、その後急速に拡大し、日本で栽培されていたクリが壊滅的な打撃を受けた。ところが、同じクリでも、クリタマバチによる加害が見られない樹個体が認められた。昭和22年から園芸試験場（現、果樹試験場）で研究が行われ、耐虫性品種の育成に成功、新品種を植えることで日本の栽培クリは復活する。

耐虫性品種は、害虫の産卵、孵化、そしてかぶりつきは許すが、植物体内のフェノール物質であるタンニンの一種を生産することによって孵化幼虫の成長を妨げるのだ。すなわち、植物側は害虫側の先に述べた条件の①と②まではクリアさせるが、③飲み込み要素（消化）だけを阻害する作

第4章　昆虫の食性と種分化

戦である。

しかし、耐虫性品種誕生から10年たらずの昭和32年（1957）には、耐虫性品種にも寄生するクリハマバチが現れた。これは、従来と異なった系統のクリタマバチが出現した一種の進化現象と考えられており、より強い耐虫性をもつ新品種の育成が必要となっている。

植物の毒素を利用する昆虫

植物が化学的防御のために生産した毒素を、逆に利用する昆虫もいる。日本本土と南西諸島や台湾の間を長距離移動するチョウとして有名なマダラチョウ科のアサギマダラは、植物の毒素を逆利用して化学的防御を行う。アサギマダラが食べるキジョラン、サクララン、イケマ、オオカモメヅルなどのガガイモ科の植物は地下茎のつる植物で、いずれもアルカロイド系の毒素をもっている。すなわち、ガガイモ科の植物は体内に毒素を生産することによって鳥や昆虫などから食べられることを免れてきたのだ。（アルカロイドは植物の中になる特殊な塩基性成分の総称で、アヘンやニコチン、カフェインのように動物に対して強い生理作用をもつ。ただ、人間にとってはすべてが「毒」なわけではなく、マラリアの特効薬となるキニーネなど、医薬品の原料となるものも多い。）

アサギマダラはこれら植物がもつ毒素を克服して、自分の食べ物とした。彼らの幼虫はキジョランなどの毒素を持つ葉を平気で食べて育つ。逆にいうと、毒素のある葉しか食べることができない。なんと面白い生活戦略なのだろう。彼らは、この毒素を体内に蓄積することによって鳥などの捕食から逃れることができる。この毒は蛹や成虫も持ち続けているので、鳥などがアサギマダラを捕食すると間もなく苦しみはじめ、ついには吐き出してしまう。さらに、このチョウがよ

155

く蜜を吸うヒヨドリバナやフジバカマも、蜜にアルカロイドを含む。アサギマダラは成虫、幼虫ともに植物のアルカロイドを体内に取りこむことで毒化し、外敵から身を守る術を知った。

アサギマダラは幼虫・蛹・成虫とどれも鮮やかな派手な体色をしているが、これは逆に目立つことによって毒を持っていることを敵に知らせる警戒色と考えられている。

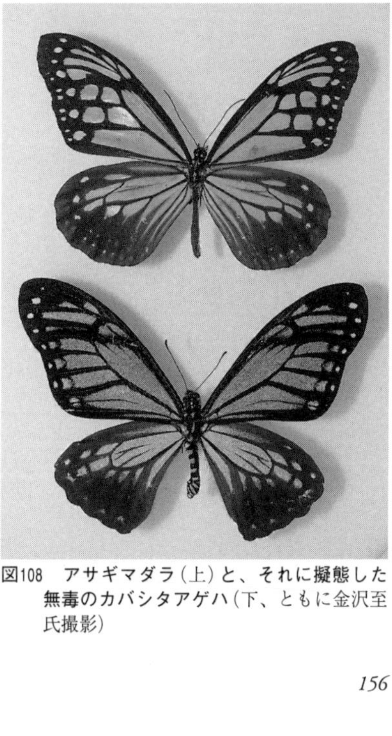

図108　アサギマダラ(上)と、それに擬態した無毒のカバシタアゲハ(下、ともに金沢至氏撮影)

さらに面白いことに、そのアサギマダラの警戒色に目を付けた昆虫が出現した。アサギマダラにそっくりに擬態する別のチョウである。自分には毒がないのに、外観をアサギマダラに似せることによって鳥などの外的から身を守る作戦だ。インド北部から東南アジア、インドネシアにかけて分布するアゲハチョウ科のカバシタアゲハがその擬態種だ。植物側の化学的防御を次々に昆虫が逆に利用していく。このようなことは歴史的に植物と昆虫との間に普通に行われてきた。このような擬態種は毒蝶オオカバマダラの擬態種カバイロイチモンジなど他にも多く存在する。

こうした防御手段を獲得した植物は、獲得以前の植物種よりもいわゆる「進化的放散」を生じてさらに多様に種分化できることになる。

第4章　昆虫の食性と種分化

昆虫側も、負けじとそれぞれの植物側の防衛に対して対抗進化を行い、植物の場合と同様に、防御手段を獲得した昆虫は以前の昆虫種よりも進化的放散を生じて多様化に拍車がかかることになる。これらの歴史的攻防現象は、植物と昆虫との「共進化」といわれる。

単食性と多食性とでは、どちらが有利なのか？

では、昆虫にとっては単食性と多食性のどちらが有利なのだろうか？
単純に考えると、食べることができる植物が多い多食性の方が断然有利なようだが、そうであれば、単食性の昆虫はとっくに絶滅してしまっているだろう。食べ物を限定する種が存在していることにもそれなりに理由があるはずだ。

いや、むしろ食性が狭いことが種の保存維持、種の多様化に有利に働いたのではないか。一つ考えられるのは、単食性、もしくは限られた植物だけを食べる昆虫が、植物由来の化学物質を原料として独自のフェロモンを合成し、さらに種分化を加速させたのではないかということである。

昆虫は、次節で詳しく説明する「異所性分化」（大陸分裂などによる）、「同所性種分化」（広義的突然変異）と「異食性種分化」（狭義的食性の突然変異）により多様な種分化が起こった。

カイコは、クワしか食べられないから、カイコになった

すなわち、多くの昆虫では食性が狭いことが有利に働いて、環境圧などの歴史的淘汰に耐え抜いたものと、ぼくは考えている。昆虫はライフサイクルが非常に短いため淘汰のチャンスが非常

図109 (左) オオトビモンシャチホコによって丸坊主になったアベマキ（春期）
(右) アベマキについたオオトビモンシャチホコの幼虫（みずみずしい若葉があり、フェノール物質の少ない春期）

図110 (左) モンクロシャチホコの毛虫によって丸坊主になったサクラ（初秋期）
(右) サクラについたモンクロシャチホコの幼虫

に多いことや、雌だけで産卵する単為(たんい)生殖を行う種が存在することなどにおいて、哺乳類などの動物群にまさっている。

これまでの論文や雑誌などを読むと、「カイコは、なぜクワしか食べないのか」という点的発想の研究が多く見受けられる。しかし、「カイコは、クワしか食べられなかったから、カイコになった」という歴史進化的な線的・面的発想から考える方が本質に迫れるのではないだろうか。それほど、昆虫の食性は、彼らの種分化に大いに貢献した要素だと思うのである。

また、食性が広い昆虫が優先して選ぶ植物は、化学的防御などを行っていない植物種が多い。それらの植物種は歴史的に見て昆虫などからの猛攻撃を

受けて絶滅したか、いかなる攻撃にも耐えられるように独自に過酷な条件下で生命を維持できる能力を高めたかどちらかであろう。

例えば、ドングリの木は春期にオオトビモンシャチホコという毛虫に葉を食い尽くされて丸坊主になることが多い（図109）。また、サクラも、初秋から晩秋の間にモンクロシャチホコという毛虫に集団で葉を食われて丸坊主になってしまうことが多い（図110）。滋賀県内でも毎年多く見られる光景である。これらは、読者の皆さんもよく見かける光景だろう。

しかし、これらの植物は生命力が強く、ドングリの木はすぐに再生、サクラは翌年の春には花が咲き乱れ、その後普通に萌芽する力をもっているため生き延びることができた。

異食性種分化

昆虫の種分化の方法には、大きく二つ、「異所性種分化」と「同所性種分化」とがある。さらにここでは新しく「異食性種分化」という昆虫の種分化の方法を提案する。

種とは何か？

ぼくたちは生物をイヌ、ネコ、イノシシなどという名前を付けて分けている。

イヌはイヌらしく、ネコはネコらしく、イノシシはイノシシらしく生活している。イヌとネコとでは子供はできないが、柴犬とブルドッグとでは子供ができる。すなわち、イヌとネコは別の種であり、柴犬とブルドッグは同じ種なのである。

種とは、簡単には次のように定義されている生物群である。

① 一定の遺伝子構成をもつ集団で、生殖的に隔離されている＝自然条件下で交配して子孫を残すなら、それは同一の種である。両者間の交配が可能でも、地理的に離れた地域に生息して異なる形態的特徴をもつ場合は「亜種」に分類される。

② 遺伝的に安定した一定の形態的（細胞形態や交尾器などの内部形態も含む）、生理的、生態的特徴をもつ。

しかし、実際には種はそんな簡単なことでは説明できない。最近、「種」という階級はヒトが無理矢理に定義したもので、「種」という分類階級は存在しないと解釈した方が生物進化を理解しやすいという研究者もいるくらいだ。「種」とは個々にきっちり区分されているものではなく、それぞれの境界はもっと曖昧だと理解した方がよいというわけである。しかし、これはイヌ、ネコというように分類手法としての「種」階級の提示が必要であることは間違いない。

種分化の種類

それでは、昆虫が種分化する方法を考えてみよう。まず、従来いわれてきたものとして、次の二つがある。

異所性種分化

同じ種が、大陸などの分断により異なる場所に隔離されて独立して生活することにより、長い隔離期間から二つの個体群がそれぞれに遺伝的差異を蓄積して徐々に生殖的にも隔離され、同種から別亜種を経て徐々に別種になっていくという種分化の一つの方法である。

同所性種分化

地理的隔離なしに同所的環境下で突然変異などによって生態的隔離が生じて、その後同族交配や生息地選択により、徐々に新しい遺伝的種を発生させる方法

160

第4章　昆虫の食性と種分化

である（今まで、ぼくは次に示す異食性種分化もここに含まれていた）。

さらに、昆虫の種分化にはもう一つ、別の方法があるという種分化を行う方法がここにある。それが次のものである。

異食性種分化　昆虫が食べ物を特化することにより長年かけて別種になると考えている。

これは食べ物の転換における同所性種分化の一つだと考えられてきたが、ぼくはこの種分化の方法を独立した3番目の種分化の方法としたい。なぜならば、昆虫の食性の違いは昆虫の種分化の大きなファクターになっていると考えているからだ。

単食性のグレードが高い（食性の幅が著しく狭い）植食性（植物を食べ物とする）、または寄生性（寄生バチや寄生バエなど昆虫に寄生する）昆虫種で、突然変異や個体変異などで発生した新しい産卵生態や食性生態を持つ個体が出現したとしよう。その新たな食性をもつ個体同士で同族交配を繰り返すことによって、長い年月をかけて成虫の新しい植物の選択性と幼虫の新しい植物に対する可食性に関する遺伝子をホモ（遺伝子座がAA、aaのように同じ対立遺伝子からなる状態。ともにA、もしくはaの遺伝子をもつ親から生まれるAaの場合はヘテロという）に持つ個体群ができたとき、初めて異食性種分化が完結する。

また、異食性種分化は地理的隔離による異所性種分化にともなってしばしば起こるらしいが、なぜ異所性地理的隔離がエサとする植物の転換をともなう場合が多いのかは、まだ解明されていない。なぜならば、エサの転換は突然変異などで同所的に起こると考える方が理解しやすいから

だ。これは、論理立てて説明できない不思議な現象である。

進行中の種分化

研究者が初めて異食性種分化（従来の同所性種分化）という種分化のあり方を示したのは、北アメリカにすむ単食性の同胞種（形態的に酷似しているが、生殖的隔離が明らかな近似種）のミバエ（ハエの一種）を調査した結果からである（Bush, 1969・1975）。これらを仮にXとYとすると、見た目はそっくりだが、食べ物はXは野生リンゴ、Yは栽培種サクランボと、まったく異なる。

その後、ハバチ（植食性のハチ）、コバチ（寄生性のハチ）などの昆虫群でも同じような現象が見つかり、同所的異食性種分化に関する研究は進んだ。

日本では、ぼくの先輩である神戸大学農学部の内藤親彦名誉教授らの研究チームが、原始的な膜翅目（ハチの仲間）に属するハバチの仲間（ニホントガリシダハバチ）で、まさに今、種分化途中の種を確認している（内藤、1988）。

ニホントガリシダハバチの幼虫はイノデ（A）とジュウモンジシダ（B）の2種を食べるとされてきた。ところが、AB両方でなく、Aのみ、Bのみを食べる三つの地域系統を見つけ出したのだ。すなわち、ニホントガリシダハバチという種が、三つの種に分化する異食性種分化の途上なのである。

①**イノデ・ジュウモンジシダ食性型（那智）** 紀伊半島那智（和歌山県東牟婁郡）に生息するニホントガリハバチは、イノデとジュウモンジシダの2種を食草としている。イノデを食っている幼虫からの成虫はイノデとジュウモンジシダの両方に産卵し、それぞれの葉上で孵化した幼虫は2種

第4章　昆虫の食性と種分化

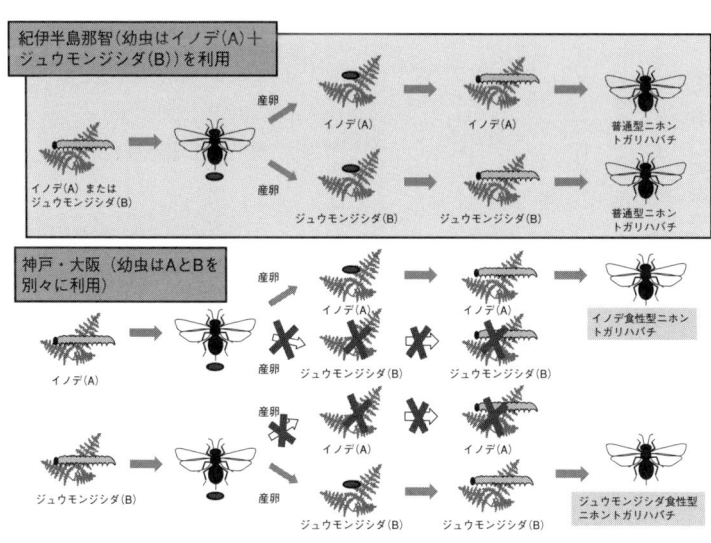

図111　ニホントガリハバチの異食性種分化途上現象　[内藤（1978）を改変]

の食草を与えても問題なく成長し、羽化する。また、ジュウモンジシダを食っている幼虫からの成虫もイノデとジュウモンジシダの両方に産卵し、それぞれの葉上で孵化した幼虫も2種の食草を与えても問題なく成長し、羽化できる。

しかし、次に示すとおり、神戸と大阪に生息するニホントガリハバチは、普通型ニホントガリハバチと食性が異なる。

②イノデ食性型（神戸・大阪）　イノデの葉を食っている幼虫はジュウモンジシダを与えてもまったく食べず、その成虫はジュウモンジシダに産卵せず、イノデだけに産卵し、孵化幼虫はイノデの葉を食って問題なく成長し、羽化する。

③ジュウモンジシダ食性型（神戸・大阪）　ジュウモンジシダの葉を食っている幼虫はイノデを与えても食べず、その成虫はイノ

デに産卵せず、ジュウモンジシダだけに産卵し、孵化幼虫はジュウモンジシダの葉を問題なく成長し、羽化する。

これら3系統において異なるのは幼虫の食性だけで、外観と生殖器の構造や染色体もまったく同一で、どう見ても同種なのである。ここで面白いのは日本のイノデとジュウモンジシダは低地では混ざり合って生えており、神戸と大阪のこれらの2系統のハバチは成虫の出現時期も同じで同所的に混在している2種の食草を選択し、別々に産卵して別々の葉を食い分けていることだ。

さらに内藤らは、普通型ニホントガリハバチが生息する紀伊半島新宮川流域で、那智から北へ距離別（0〜30km）にイノデとジュウモンジシダの葉上に産みつけられている卵を採集して細かな興味深い調査を行った。その調査でたいへん面白いことがわかった。（163ページの図111を参照）

ジュウモンジシダに産みつけられた卵

その卵から孵化した幼虫は、那智から0〜30kmのすべての試験区においてイノデとジュウモンジシダとの両方を食べて問題なく成育できた。

ジュウモンシダで飼育された羽化成虫は、那智0kmではジュウモンジシダには100％、イノデには15％が産卵した。それが、那智から12〜30kmの試験区ではジュウモンジシダのみに産卵し、イノデには産卵しなかった。これらの幼虫は2種のシダを食べることはできるが、成虫はイノデにはほとんど産卵しない。このことは、成虫の産卵植物の選択と幼虫自身の可食性とが異なっていることを示している。

イノデに産みつけられた卵

第4章　昆虫の食性と種分化

孵化幼虫は、0〜12 km のすべての試験区においてイノデとジュウモンジシダとの両方を食べて問題なく成育できた。しかし、17 km 試験区では、イノデのみで成育が完了できるが、ジュウモンジシダでは成育が完了できなかった。そして、22〜30 km のすべての試験区ではジュウモンジシダをかじることさえできなくなった。

イノデで飼育された羽化成虫は、那智から0〜16 km のすべて試験区ではイノデとジュウモンジシダとの両方で産卵したが、ジュウモンジシダの方を好む傾向があった。22〜30 km のすべての試験区ではジュウモンジシダにはまったく産卵しなかった。

以上の結果を整理してみると、那智のニホントガリハバチは、2種のシダ両方を利用している地域と、それぞれ別々のシダを利用する3種に加えて食性交替の経過途中の生態種をもつ地域がある。那智から0〜12 km 域では、②ジュウモンジシダ食性型に加えて、①イノデ・ジュウモンジシダ食性型が共存し、22〜30 km 域では、②ジュウモンジシダ型と③イノデ食性型とに分かれ、13〜21 km 域では、イノデ型とジュウモンジシダ型ニホントガリハバチの異食性種分化が進行中であるということになる。生物は地球上で38億年前から歴史的に種分化と淘汰を繰り返してきたが、今、ニホントガリハバチでまさに種分化しようとしている種群を、小さなエリア内で実際にぼくたちの目で確認できるのだ！これはすごい！

この現象を内藤らは次のように推測している（A : 成虫ジュウモンジシダ選択産卵性遺伝子、B : 幼虫ジュウモンジシダ成育良好遺伝子、b' : 幼虫ジュウモンジシダ成育不良虫イノデ選択産卵性遺伝子、b : 幼虫ジュウモンジシダ成育不良遺伝子、b' : 幼虫ジュウモンジシダ完全成育不良遺伝子）。

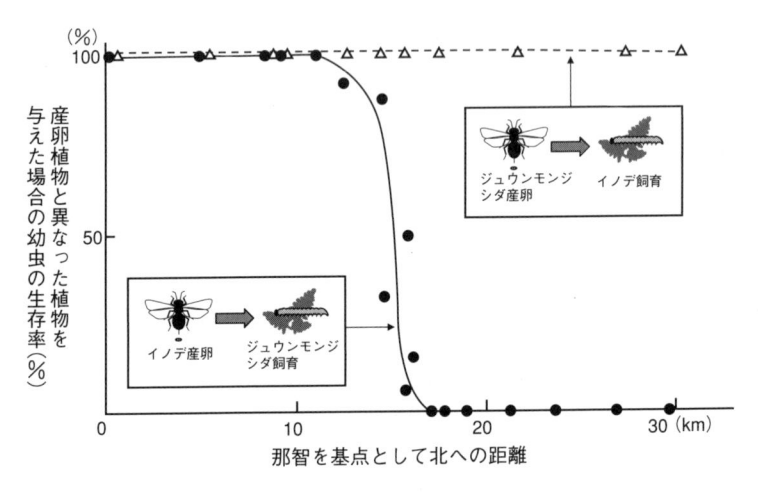

図112 野外で2種植物に産卵されたニホントガリハバチの孵化幼虫の異種植物に対する生存率 [内藤ら(1988)の図を改変]

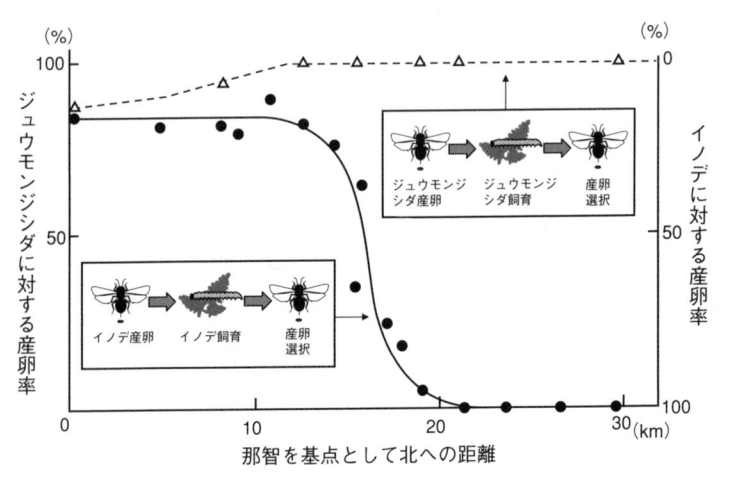

図113 野外で2種植物に産卵されたニホントガリハバチの羽化成虫の産卵植物選択率 [内藤ら(1988)の図を改変]

第4章　昆虫の食性と種分化

①本種は、ジュウモンジシダだけに産卵して、それを食べて成育を完了することができた［雌：AABB（2倍体）、雄：AB（半数体）］。
②幼虫は、ジュウモンジシダ、イノデの両方の植物を食べることができる潜在的能力をもっていた。
③雌成虫にイノデにも産卵できる突然変異A→aが生じ（AaBB）、イノデ上の卵から孵化した幼虫は②の潜在的能力があったため、それを食べて成長を完了することができた。
④イノデに産卵できる個体（AaBB）をもつ個体同士で同族交配をくり返すことによって、イノデだけに産卵する個体（aaBB）の個体群ができた。
⑤これらの個体群からイノデ上の条件づけ効果と同族交配により（aaBb′）→（aaB′b′）（aab′b′）へと変化固定され、イノデのみで世代交代を行うイノデ食性型ニホントガリハバチ（aabb）個体群が完成した。

これは、成虫が産卵する植物を選択する際の突然変異による異食性種分化の一例であるが、もちろん幼虫の食性転換の突然変異が先の場合もある。成虫の産卵選択性が変化しなくても、成虫が産卵植物を誤ったり、植物が隣接していた場合など、その幼虫が偶然その植物に遭遇して成育が完了したとしよう。その後、食性が転換した1匹の出現によって、時間をかけて食べる植物が異なる隔離グループが生まれ、その後それぞれに別族、系統に昇進し、さらに別亜種、別種になっていくパターンが想定できる。

異食性種分化は、昆虫の外観や生殖器の形状などがまったく同じで外見上区別できないため分類学者が見落としがちだったところであるが、自然界ではこのような種分化が頻繁に行われてい

るのではないかと考えられている。今後これらの異食性種分化により確立された種は、地理的隔離と同様な異食的隔離により徐々に外部形態や生殖器などの形が異なっていき、外観においても徐々に別種と確認できるようになる。

すなわち、異食性種分化とは、同所的種分化（突然変異）と異所的種分化（食べる植物が異なることによる隔離）が両方含まれた昆虫ならではの種分化なのである。

食性の個体変異

食性の変化は、突然変異以外にもある。例えば、成虫が産卵の時に植物の選択を誤った場合、大多数の幼虫は死亡するが、まれにそのまま成長できる個体が存在する場合がある。これは、食性の個体変異が確認できる一事例である。

ガヤチョウの鱗翅目昆虫のなかでも進化したグループで、寡食性に近い多食性（やや食域が広い）であるヤママユガ科の食樹系統は、突然変異ではなく、個体変異から確立された場合があるのではないかと、ぼくは考えている（寺本、2001）。例えば、ヤママユ（天蚕）の普通の幼虫はシダレヤナギ、ヤマザクラなどの葉を食べないが、同一の雌が産んだ個体群の中にはまれにこれらを食べる個体がある。また、同じ科のシンジュサンには、自然界でクロガネモチ（モチノキ科の常緑樹）を好んで食べる系統がある。

ぼくは、これらの昆虫を何代にもわたって飼育した経験から、ヤママユガ科の中から異なる食性の個体を選抜して、何世代か後に育種的固定を行う（新系統をつくり出す）ことは可能であると考えている。

第5章 ドングリの木と昆虫たちの進化の歩み

1. 鱗翅目昆虫とブナ科植物の誕生

さて、この章では、視点を過去に飛ばして、地球上に昆虫が誕生した時代から、鱗翅目昆虫、そして彼らと関わりが深いと考えられるブナ科植物が生まれるまでの生物進化の歩みをたどってみたい。

172～173ページの図114に、無脊椎動物が陸上に進出して以降の時代区分に出来事を入れた年表と昆虫の分化系統樹を示した。ただし、昆虫の系統樹は昆虫学者によって若干分化時期が異なっているので、留意願いたい。大ざっぱにでも昆虫の種類の全体像がわかるように入れてある「鱗翅目（チョウ目）」というように、（　）内に文部省（現、文部科学省）が昭和63年（1988）に学術用語として改訂した目の名称を入れた。「膜翅目（ハチ目）」のように、読者にはどのような昆虫の仲間かわかりやすいだろうと考えられていたが、この変更は目の中でも特定のグループをクローズアップする形になるため、研究者の間では評判が悪い。チョウ目も、第2章で述べたとおり、その種数からすれば、「ガ目」とするべきである。ブナ科植物もブナを代表として考えることができないという問題も、同様の命名法に由来するといえる。

とりあえず図では、膜翅目や鱗翅目が昆虫の中では、遅い時代に分化し、進化したグループに属すること、年表との組み合わせで、陰翅目（ノミ目）や虱目（シラミ目）は、翅を持たない原始的な昆虫なのではなく、恐竜絶滅後、比較的最近の時代になって鳥類や哺乳類の羽毛にすみつく寄生

170

第5章　ドングリの木と昆虫たちの進化の歩み

虫となったために持っていた翅（はね）を二次的に失ったのだといったことを理解していただきたい。

古生代

生命の誕生
（古生代以前）

46億年前の地球誕生から6億年ほど経過した頃に海が誕生し、それから2億年ほど経過した38億年前に、海底の水圧200〜300気圧、温度200〜300℃の環境下にある熱水噴出孔付近で最初の生命体が誕生した可能性が高いとされる。

そして、約27億年前、古細菌の中に光を利用して光合成を行うことができる細菌が現れた。最初に光合成を始めたのはラン藻（シアノバクテリア）と呼ばれる細菌で、彼らこそが、現在の酸素濃度（約20％）の地球環境を創り上げた功労者である。

その後も長く生命は、海中で進化と種の繁栄をとげた。

地質学的に年代を確定できる最古の約5億4400万年前から2億5000万年前までを古生代という。この時代に、海中から陸上に上がった最初の生物は植物だった。約5億年前にコケ植物、続いて4億5000万年前に根、茎、葉と維管束（そく）を持つシダ植物が誕生し、これらは水際に沿って陸上に進出した。植物が上陸するには、重力に耐えて植物体を支える構造、水分吸収と消失防止対策を備えなければならなかった。

コケ植物と
シダ植物

そして、約3億5000万年前（石炭紀）、地球最初のシダ植物の森が誕生した。植物が生えることによって地層の風化が進み、また、植物体が枯れると菌類に分解されて腐食する過程が繰り返

171

鱗翅目昆虫が出現

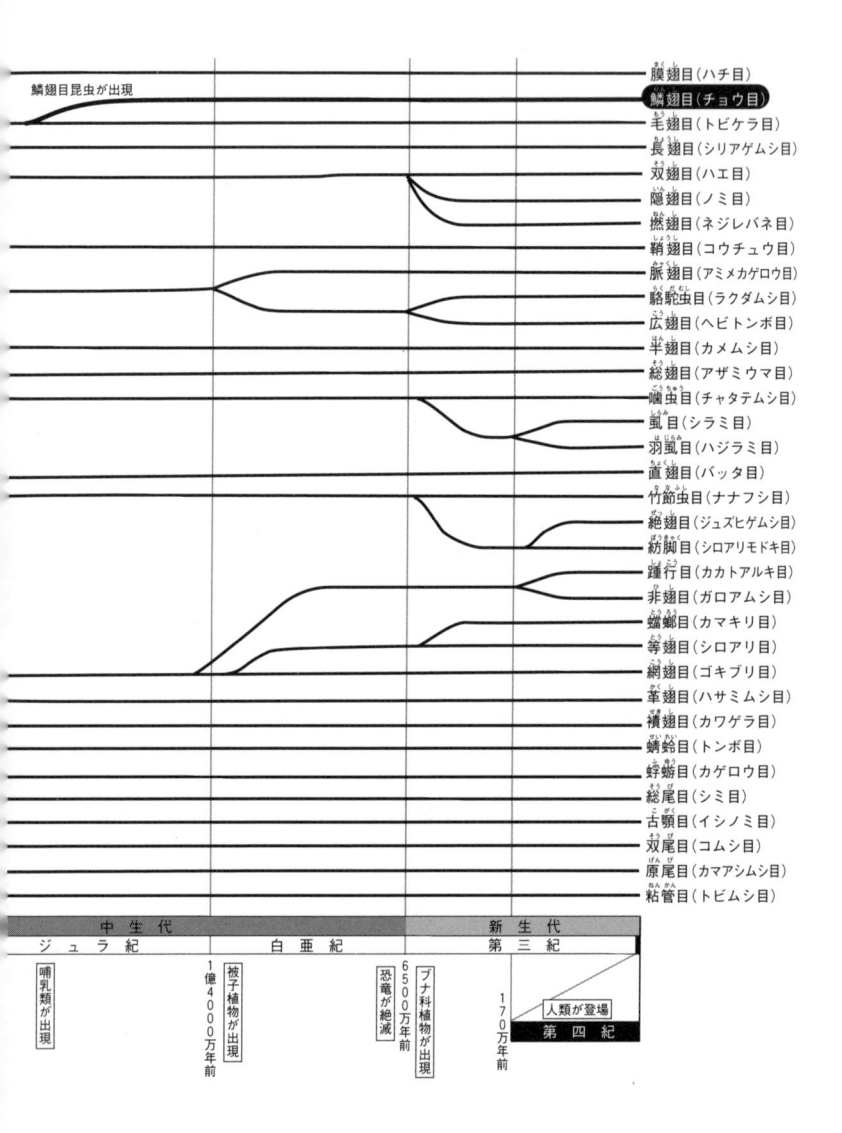

膜翅目（ハチ目）
鱗翅目（チョウ目）
毛翅目（トビケラ目）
長翅目（シリアゲムシ目）
双翅目（ハエ目）
隠翅目（ノミ目）
撚翅目（ネジレバネ目）
鞘翅目（コウチュウ目）
脈翅目（アミメカゲロウ目）
駱駝虫目（ラクダムシ目）
広翅目（ヘビトンボ目）
半翅目（カメムシ目）
総翅目（アザミウマ目）
噛虫目（チャタテムシ目）
虱目（シラミ目）
羽虱目（ハジラミ目）
直翅目（バッタ目）
竹節虫目（ナナフシ目）
絶翅目（ジュズヒゲムシ目）
紡脚目（シロアリモドキ目）
踵行目（カカトアルキ目）
非翅目（ガロアムシ目）
蟷螂目（カマキリ目）
等翅目（シロアリ目）
網翅目（ゴキブリ目）
革翅目（ハサミムシ目）
襀翅目（カワゲラ目）
蜻蛉目（トンボ目）
蜉蝣目（カゲロウ目）
総尾目（シミ目）
古顎目（イシノミ目）
双尾目（コムシ目）
原尾目（カマアシムシ目）
粘管目（トビムシ目）

中生代		新生代	
ジュラ紀	白亜紀	第三紀	

哺乳類が出現

1億4000万年前
被子植物が出現

恐竜が絶滅
6500万年前
ブナ科植物が出現

170万年前

人類が登場
第四紀

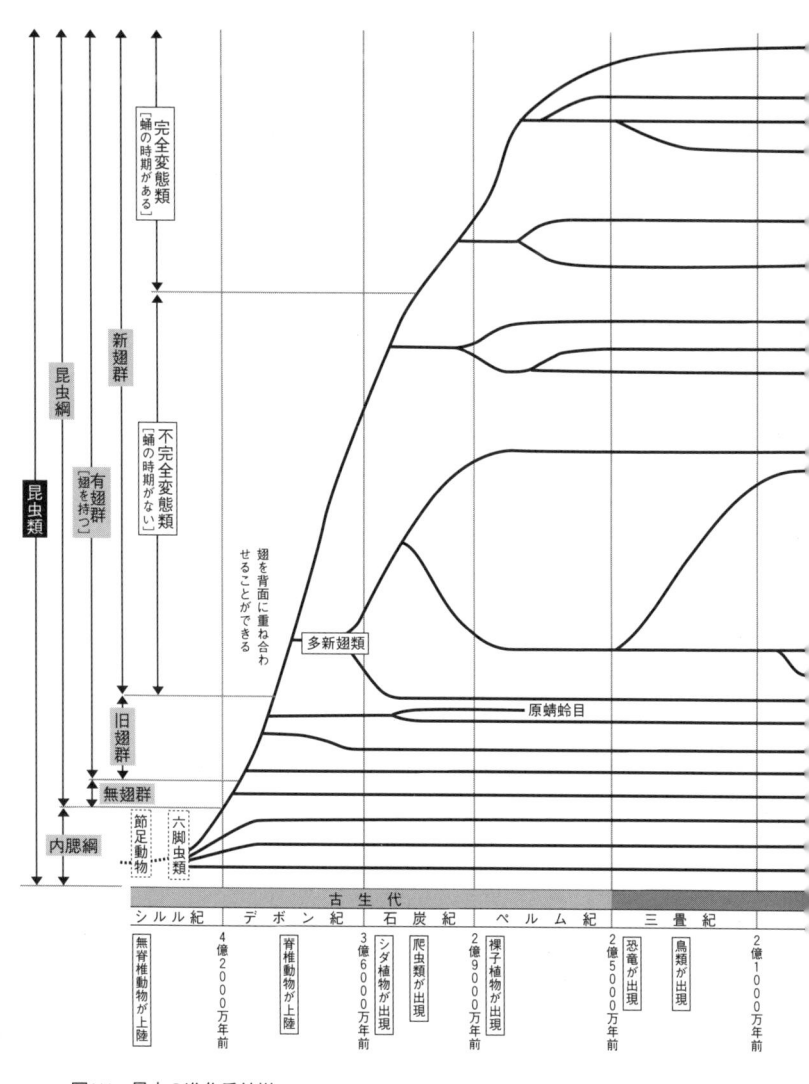

第5章　ドングリの木と昆虫たちの進化の歩み

図114　昆虫の進化系統樹

され徐々に豊かな土壌が形成され、植物は急速に陸上へ進出していった。植物が上陸してまもなく、動物たちも約4億年前（古生代デボン紀）に陸地へはい上がった。まず節足動物のうちのサソリの仲間が上陸を成しとげた。その後、多足類（ムカデのようなもの）が出現し、さらに多足類から昆虫類へと進化していった。

昆虫の誕生

昆虫の最も古い化石は、4億2000万年～3億7500万年前の地層から出土したトビムシやイシノミなどの原始的な昆虫の仲間である。彼らはまだ翅を持っておらず、食性は腐食性で、死体や分解物質、菌類を食べていたと考えられている。当時の陸上植物はまばらにしか存在しておらず、植物を食べる動物はいなかった。

昆虫よりも少し遅れて陸上に進出した魚類は、両生類へと進化した。幼時は水中でエラ呼吸をし、変態を行ってから陸上に出る「両生」的な生物として、同じ頃に昆虫でも幼虫が水中で生活する蜻蛉目（トンボ目）や蜉蝣目（カゲロウ目）の先祖にあたる種が登場している。

3億年前頃（石炭紀後期）には翅を持つトンボ、ゴキブリ、バッタなどの有翅昆虫が現れ、昆虫たちは動物では最も早く空中へ進出した。昆虫たちがどうやって翅を進化させ、飛ぶ能力を身につけたのか、確実といえる説明はまだなされていないが、図115のように、三つに分かれる胸節の背板が変化し、特に第2・3節のものが飛ぶ能力がある翅へと進化発達してきたものと考えられている。

食性については、その後、昆虫を含めた動物が植物を食べるようになるまで、5000万年も

174

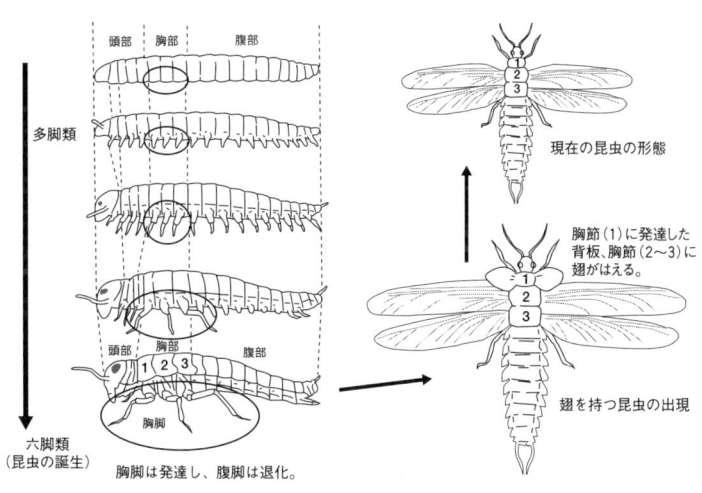

第5章　ドングリの木と昆虫たちの進化の歩み

図115　昆虫の進化

の時間がかかったと考えられている。図鑑などで、石炭紀の世界を描いたものとして、巨大なシダ植物の中を開張が75㎝もあるメガネウラオオトンボ（原蜻蛉目。中生代に絶滅）が飛んでいるようすをイラストで見たことがある方は多いと思う。彼らも現在のトンボと同じく肉食で、シダ植物にとまって休んだりすることはあったとしても、植物の葉を食べるようなことはなかった。つまり、当初の植物と昆虫の関係は希薄なものだった。昆虫たちは植物のセルロース（繊維素）を分解する酵素を持っておらず、加えてセルロースでできた硬い細胞壁をかみ砕くことができる口も持っていなかった。

その後、ある種の昆虫が腸内に微生物を共生させることで、最初の植物を食べる動物となった。次いで、その昆虫を食べた脊椎動物が、微生物もいっしょに取り込んで草食の動物が生まれた。

先回りして述べれば、その後の鱗翅目昆虫の場合は、共生微生物なしで植物を利用する方向へ進

175

化した。タンパク質などの栄養が豊富な新芽や花、種子、果実を食べるようにすると同時に、葉を大量に処理できる大きな腸を発達させたのである。

裸子植物の誕生

古生代末期の2億9000万年前頃に、イチョウ、ソテツ、針葉樹などが属する裸子植物が誕生する。裸子植物はシダ植物よりも水分を取り込んで体内に運ぶ能力が進化していた。繁殖方法も、花粉を風で飛ばして受粉させ、乾燥に強い種子をつくる能力をもった。まだまだ地上で多くの面積を占めていたのはシダ植物だったが、裸子植物は有利性を生かして内陸まで徐々に生息範囲を広げていった。

裸子植物（針葉樹）と昆虫との関係は、次に登場する被子植物との関係ほど、親密なものにはならなかった。針葉樹は、幹や枝に侵入する昆虫や細菌に対する防御として、粘着性の樹脂や樹液を多量に分泌するように進化した。人間生活でなじみあるものでは、マツなどの傷口から分泌される松脂もこれにあたる。昆虫たちが植物をかじると、そこから松脂が吹き出すことによって洗い流され、身動きできなくなってしまう。

この樹脂が固まり岩石のようになったものが、いわゆる琥珀である。面白いことに、琥珀は大昔の昆虫をそのままの姿で保存したタイムカプセルの役目を果たすこととなった。新生代初めにあたる6000万年前ぐらいの琥珀からは、現在の昆虫の類縁種にあたる昆虫が多数見つかって

図116　裸子植物（現生種のマツ）

第5章 ドングリの木と昆虫たちの進化の歩み

中生代

哺乳類の誕生

1989年、アメリカのテキサス州で、中生代・三畳紀（2億2000万年前頃）の地層から最古の哺乳類といわれている体長約10cm、ネズミのような「アデロバシレウス」の化石が発見された。その当時の酸素濃度は10%ほどで、現在の半分しかなかったと考えられている。この時代は絶滅してしまった恐竜（2億3000万年～6500万年前）が同時に出現している。恐竜と哺乳類は地球上で3分の2の時間を共存していた。
アデロバシレウスは爬虫類の仲間から進化したと考えられており、卵を産む哺乳類で昆虫類などを食べていたといわれている。現在でもカモノハシのような卵を産む単孔類の哺乳類が存在す

図117 虫入り琥珀（新生代鮮新世～更新世、産地：コロンビア、提供：みなくち子どもの森自然館）

いる。
日本最古の鱗翅目（蛾）の仲間の化石も、琥珀に包まれたものである。平成5年（1993）、岩手県久慈郡小久慈町（現、久慈市）にある白亜紀の地層から発見されたもので、約8500万年前に生えていた南洋スギの仲間の樹脂にのみ込まれた原始的な小蛾類に属するヒロズコガ科の一種と同定された。標本は、同市の久慈琥珀博物館に展示されている。

177

るのはご存じのとおりだ。アデロバシレウスはジュラ紀後期（1億5000万年前）には恐竜との共存を図るため、夜行性へと転換し、そのために聴覚を発達させた。薄暗い夜に行動しなければならなかったことこそが、哺乳類の知能が発達した主要な理由だとされている。後に、カンガルーのような有袋類が現れ、ようやく恐竜時代の終盤には胎盤を持つ哺乳類が現れた。

鱗翅目昆虫の誕生

哺乳類が出現したのと同じ頃、約2億年前にガとチョウの祖先（鱗翅目）も出現した。最も古いガの化石とされているのは2億年前頃のジュラ紀前期の地層から発見されたアルケロレピス・マネーという種だ。しかし、このガの分類学的位置はわかっていない。さらに、ジュラ紀後期の地層からもプロトレピス・クプレアラタというガの化石が発見されている。この頃、被子植物はまだ出現していなかった。

現存しているガの仲間で最も原始的であると考えられているのは、コバネガ科というグループ（単門類：原始的なガの仲間［交尾口（管）と産卵口（管）が共通の口（管）からなっている群］）だ。彼らの幼虫はコケ類を食べ、化石は白亜紀前期～中期の1億3000万～1億年前の地層から確認されている。すなわち、被子植物が出現していた白亜紀前期（1億3000万年前）には確実に現在のガヤチョウの祖先が出現していたのだ。また、白亜紀中期の9700万年前頃には二門類（進化している蛾の仲間［交尾口（管）と産卵口（管）が分かれている群］）である小蛾類のホソガ科の仲間が出現したことが、幼虫が葉に潜った跡である植物潜孔の化石によって明らかになっている。

毛翅目の分化

鱗翅目が誕生したこの頃、共通の先祖から分化したと考えられているのが、毛翅目（トビケラ目）である。鱗翅目の翅が鱗片で覆われているのに対し、毛翅目の

第5章　ドングリの木と昆虫たちの進化の歩み

翅は短毛で覆われているため、この名がある。その点を除けば、トビケラの成虫の外見は、ガと非常に似ている。世界中で約1万種が記録され、日本では300種余りが知られているが、その地味な外見のせいもあって、どのような虫かをイメージできる人は少ないだろう。しかし、その能力や生態は、鱗翅目の進化を考えるうえでとても参考になると思われるため、なるべく詳細に述べてみたい。

先に両生の昆虫が現れた部分で述べたとおり、トビケラの幼虫は水中で生活する。最初は河川源流の湿地帯で始まり、その後、川や池、湖などの淡水域に進出したと考えられている。

幼虫の食性は、藻類を食べるもの、水中を流れてくる動植物の破片を食べるもの、肉食のもの、雑食のものなどさまざまである。

図118　トビケラの巣と幼虫
（上）ヨツメトビケラの巣　（中）巣に入ったヤマガタトビイロトビケラ幼虫　（下）巣に入ったオオカクツツトビケラ幼虫（以上3点、河瀬直幹氏撮影）

鱗翅目との共通点として、幼虫は絹糸腺を持ち、糸を吐く。彼らはこの絹糸を使って体を保護する巣やエサを獲るために石と石との間に張りめぐらした網をつくる。水流の勢いが増して流されそうになった時には、石に絹糸を吐いて付着させ、体を固定するといった芸当も見せる。

幼虫の姿はイモムシ形で、頭と胸部、脚だけが硬いキチン質の殻で覆われているものが多い。軟らかく無防備な腹部を守るための巣(つくらない種もいる)は、石や落ち葉などを絹糸でつづり合わせたもので、水底の石に固着させる種と、体を巣に入れたまま動き回る種がいる。その外観はストロー状のもの、三角錐状のもの、カタツムリの殻のように巻いたものなど、非常にバラエティに富んでいる。これらは、ミノガの幼虫(蓑虫)がつくる蓑を思い出させる。

多くの幼虫は5齢期を経て蛹となる。羽化は水中で行う種、陸上の石や植物に登って行う種などいろいろである。成虫の大きさは、小さい種で1.5㎜、大きな種で40㎜弱。成虫の雄が決まった時間帯に一定の場所で群れ飛び、そこに飛んできた雌と交尾する種もある。さらに、交尾相手を探すために性フェロモンを使っている種も知られている。

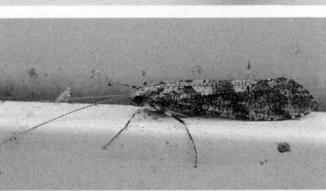

図119 トビケラ幼虫の生態と成虫
(上から順に) ヒゲナガカワトビケラの食物採集網、ヒゲナガカワトビケラ幼虫ヒゲナガカワトビケラ成虫、ヨツメトビケラ成虫(以上4点、河瀬直幹氏撮影)

第5章　ドングリの木と昆虫たちの進化の歩み

被子植物の誕生

　白亜紀前期（1億4000万年前頃）、裸子植物より繁殖方法を進化させた被子植物が現れる。裸子植物は受粉を風に頼った風媒受粉を行っていたのに対し、被子植物の中には目立つ花びらを持つことによって昆虫たちを誘引し、その中にある花粉を昆虫の体に付着させ、遠方の被子植物の雌しべに確実に付着させる虫媒受粉を行うものも登場した。同時に種子のまわりを果実でおおい、それを鳥類などの動物に食べさせて種子を運搬させる植物も現れた。鳥類など動物によるいわゆる「種子散布」といわれる行為である。被子植物は昆虫類、鳥類、哺乳類などの動物たちをうまく利用することで遠距離移動が可能となり、生息域を拡大させていった。一方、鳥類、哺乳類、両生類、爬虫類など動物は、被子植物に集まる昆虫を食料として利用することで、さらに繁栄していった。

　被子植物の中には、風媒受粉を行い続けた仲間も多い。ブナ科植物のうちブナ属やコナラ属は、花粉量がかなり多い。イネ科植物の受粉は風に頼ったもので、花粉を飛散させ続けている。コナラなどドングリのなる木が動物との協力関係を結んだのは、種子を遠くまで分散させる過程によってだった。堅い殻に包まれたドングリは、鳥類や哺乳類によって運ばれ、地面の下に埋められる（鳥ではカケス、哺乳類ならリスなどがこの習性をもっている）。地下に埋まったドングリがすべて掘り起こされて食べられてしまうわけではなく、中には発芽する時期まで放置されるものもあるというわけである。

　白亜紀前期後半、鳥類など動物、昆虫、被子植物の三者による共進化で一気に個体数の増加と多様化が進み（下の図を参照）、裸子植物やシダ植物主体であった森は、被子植物中心に変わってい

った。一方、昆虫も多種多様な被子植物に対応するように進化し、さらに生物の多様化に拍車がかかることになる。

少し脱線するが、哺乳類と被子植物の関わりについても紹介しておこう。白亜紀初期にあたる1億3000万年前、初めて花を咲かせた被子植物であるアルケーフルクトゥス（*Archaefructus*）が出現した（化石による）。当時の哺乳類は昆虫を食べていた。花は昆虫に花粉を媒介してもらって受粉し、昆虫は花から蜜や花粉を得た。そのことにより昆虫類が多様化すると、そのぶん個体数も増加し、哺乳類の食料が増えた。双方のメリットにより昆虫類も哺乳類も急激に繁栄した。加えて、被子植物がつくる果実は高カロリーで哺乳類にとってもありがたい栄養供給源となった。

その当時、酸素濃度が15％まで上昇し、恐竜時代の終わりには酸素濃度は現在と同等である18％まで達したと考えられている。新しい被子植物の森は、裸子植物の森よりも葉が幾重にも重なっており多くの酸素を創り出したためである。

そして、この酸素生産が新しいタイプの哺乳類の誕生を促したとする説もある。新しいタイプとは、人類も含む胎盤類である。

図120　白亜紀の陸上植物構成（種数の割合）の変遷
［Crane（1987）を改写］

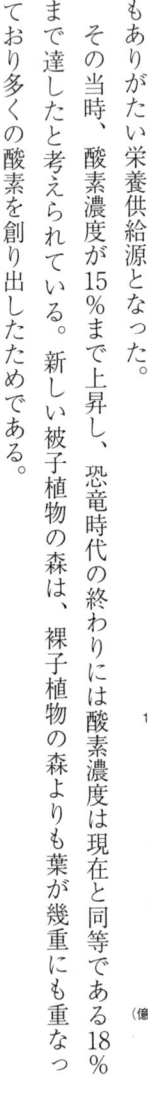

第5章　ドングリの木と昆虫たちの進化の歩み

大陸移動による動植物の多様化

およそ10億年前に超大陸のロディニア大陸が誕生した。さらにロディニア大陸は約7～6億年前にかけて分裂し、その後も大きな地殻変動により大陸はいろいろと移動するが、石炭紀の約3億2000万年前には分裂した大陸が再び衝突合体して地球史上最大のパンゲア大陸という一つの超大陸となった。

次いでパンゲア大陸はジュラ紀中期の約1億5000万～8000万年前に北半球のローラシア大陸〔現在のユーラシア大陸（アジア、ヨーロッパ）と北アメリカ〕と南半球のゴンドワナ大陸（現在の南アメリカ、アフリカ、インド、南極、オーストラリア）に二分された。このゴンドワナ大陸上で、被子植物は1億4000万年前に誕生したと考えられている。

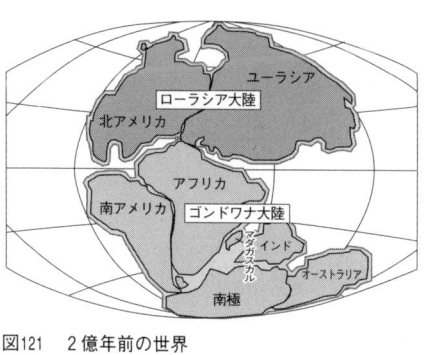

図121　2億年前の世界

パンゲア大陸の分裂後すぐに、ローラシア大陸はユーラシア大陸と北アメリカ大陸とに分離した。

一方、ゴンドワナ大陸も、南アメリカ、南極、オーストラリア、アフリカ、インドなどに分離していった。

さらに約5000万年前の新生代、第三紀に入ると、北アメリカ大陸からグリーンランドが分裂した。そして同じ頃、ゴンドワナ大陸から分裂したインドが北上を始めユーラシア大陸と衝突してヒマラヤ山脈ができ現在の大陸配置を構成した。

なお、4000万年前頃から2000万年前頃にかけて日本海ができ、日本列島はユーラシア大陸と分離した（完全に分離し

たのは数百万年前だといわれている)。

こうした大陸移動によって陸上に生息していた動植物の分布は、直接的な影響を受けた。大陸が分裂すると、分断された陸上の生物種は隔離された大陸上で独自に進化を展開し、時間の経過とともに次第に異なった種が出現してくるようになる。これを地理的隔離による種分化、異所性種分化という。

ブナ科植物の誕生

白亜紀後期（9500万～6500万年前）に、ブナ科植物（ドングリの木）が誕生する。最も古いブナ科植物の化石は北米の白亜紀後期の地層から発見された絶滅属であるプロトファガケア属である。また、同時期、現在でも生息している種では、オーストラリアや南米大陸南部の白亜紀後期の地層からはナンキョクブナ属（近年では独立したナンキョクブナ科として取り扱われている場合が多い）の花粉が確認されている。

図122に示したように、新生代に入ると多種多様なドングリの木の化石が発見されるようになり、日本に自

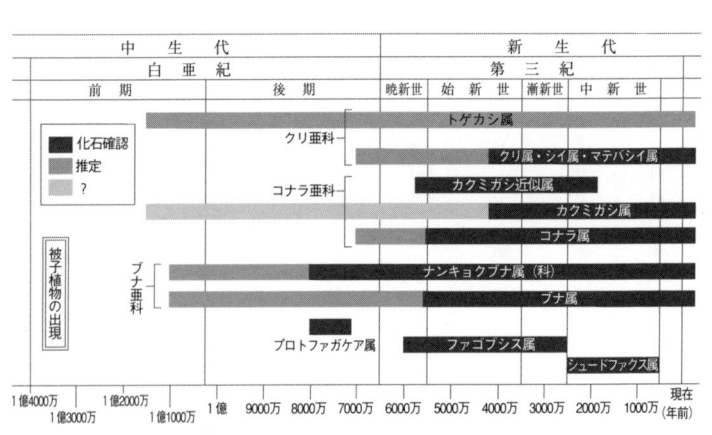

図122　ブナ科植物の誕生　[百原 (1995) と南木 (1990) を改変]

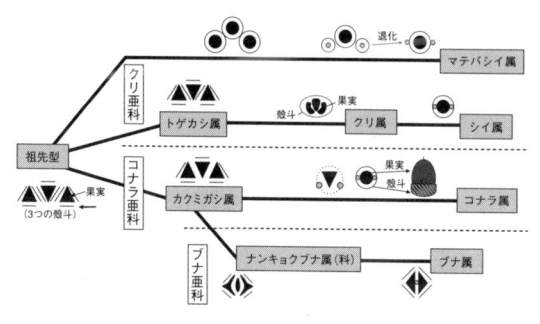

第5章　ドングリの木と昆虫たちの進化の歩み

図123　ブナ科植物の殻斗の進化 ［Forman（1966）］

生する5属を含む北半球の7属は、始新世（約5800万年前）から現われ始める。ドングリの木は、その時代の後期には属のレベルで現在と同じぐらいの多様性をすでに備えていたと考えられている。この時代の暁新世から始新世にかけては白亜紀後期から引き続き地球の気温が極めて高かった時代で、北半球中緯度地域には常緑広葉樹林が中心に広がり、北極圏には現在の温帯地域のように落葉広葉樹林が針葉樹林とともに自生するようになる。

ブナ科植物の進化

ドングリの木の祖先とは、いったいどんなものだったのか？

Forman（1966）は、殻斗（ドングリが入っているお椀）の形で進化系統を考えた。そして、最も原始的なブナ科植物は、カクミガシ属とトゲガシ属の2属（110ページの表1のとおり、両者とも日本には分布しない）であるとした。東南アジアの熱帯山地に2種、南アメリカ大陸コロンビアの熱帯山地に1種、計3種が隔離的に自生するカクミガシ属と、北アメリカ大陸西岸に1、2種自生するトゲガシ属の2属を、彼はブナ科植物の原始的な型の生き残りであると考えたのだ。この2属のドングリは、ブナの実に似た三角形の果実が3個ずつ殻斗に包まれている。以下、下の図を参照していただきたい。

カクミガシ属は樹肌がブナに似ていて、実の形はコナラ属に

185

似ている。他属の化石の発見状況とこれらの事実を考え合わすと、カクミガシ属などに似たドングリの木の祖先は常緑的で、おそらくナンキョクブナ属（科）が発生する前の白亜紀の初期から中期にかけて誕生し、その後南半球でナンキョクブナ属（科）、北半球北部の暖帯から温暖帯にかけて（東アジア・マレーシア地域）でブナ属に分化したのではないかという。ナンキョクブナ属（科）を除くブナ科植物は、北半球の東南アジアを中心に拡大し、種分化が展開していった。

北半球のブナ科植物は、中世代の終わりには属の分化を終えたと考えられている。恐竜絶滅後の新生代第三紀（6500万年前〜）に入ると、生息面積と個体数が増加し、北半球の大陸や島に広く連続分布した。本来、ブナ科植物のほとんどは湿潤な土地を好んだ。乾燥に弱いブナ属は、地球の気象変化による気温低下と乾燥のため、その分布が東西に分断されることになったが、コナラ属という乾燥に適応した種群が現れる。コナラ属はその個体群の出現のお陰で広範囲の連続的分布を可能にした。コナラ属のうち、常緑のまま進化したシイ類・カシ類と、乾燥や高緯度の冬の長い夜に適応して落葉性を獲得したクリやナラ類が、北半球の湿潤暖帯と温帯をすみ分けて、個別に分化していったと考えられている。

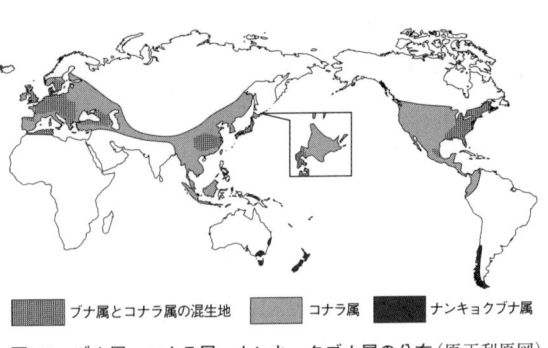

図124　ブナ属、コナラ属、ナンキョクブナ属の分布（原正利原図）

2. 食性の変化からみたガ・チョウ類の進化

最古の鱗翅目

約2億年前にあたるジュラ紀前期、鱗翅目(ガ・チョウ類)は、幼虫が水中生活をしていた毛翅目(トビケラ類)との共通祖先から分化したとされている。トビケラの幼虫は、水生昆虫で川の石や砂にへばりついて生息している種や、枯葉や砂などで巣をつくりその中で棲息している種がいる。幼虫は石についている苔類(コケ植物の一群)や微生物などを食べる。

そして、白亜紀前期(約1億3000万年前)には出現していた原始的鱗翅類のコバネガ類の幼虫は、トビケラ類と同じく苔類などを食べて地上生活を行っていたとされている。現在でも、コバネガ科のガは湧き水などがある非常に湿度が高い、昼なお薄暗い森林内に生息し、幼虫はジャゴケなどの苔類を食べる。コバネガ類は1億年以上もその姿形をほとんど変えていない、いわば昆虫版のシーラカンスなのだ。

幼虫は苔類を食べた先祖

歯を持つガ、コバネガ科

1cmにも満たない小さなガであるコバネガ科の成虫は、シダ類の胞子や各種の花粉を食べる。その後の進化したチョウの成虫は花の蜜を吸うので、口はストロー状で花の蜜を吸うのに適した口吻と呼ばれる構造になっている。普段は蚊取り線

香のように巻き込まれて収納され、必要な時にそれを延ばして吸蜜する。

これに対し、コバネガの成虫はストローの口を持っておらず、代わりにカミキリムシの成虫のように食べ物を嚙み砕くための歯（大腮）を持っている。コバネガは体は小さいが、怪獣映画で言う「モスラ」そのものである。

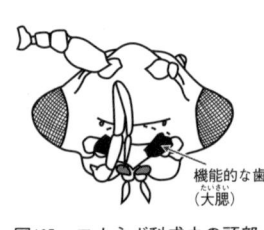

図125 コナネガ科成虫の頭部（歯のみを持つ）
［橋本（1998）の図を改変］

コバネガ科の先祖が現れたちょうどその頃、目立つ花を持つ被子植物が出現し、その花で昆虫を誘引して受粉を昆虫に行わせる方法が進化する。それ以降、被子植物の多様化が始まった。加えて被子植物の多様化に適合するように昆虫の多様化も始まり、現在まで存する鱗翅目昆虫と昆虫との共進化が実現した。

現存する鱗翅目昆虫で最も原始的であると考えられているコバネガ類の成虫は花粉を食べるため、植物と昆虫とが支え合う関係の一部となっていたものと考えられる。

滋賀県では、ぼくも参加した調査により、東近江市の永源寺地区と伊香郡余呉町の森で、それぞれニッポンヒロコバネとマツムラヒロコバネという2種のコバネガの仲間の生息が確認されている。次ページの図126・127で、滋賀県にいたコバネガ科2種の隣に、比較対象としてトビケラ2種の写真を置いてみた。原始的な鱗翅目であるコバネガ科は、先祖を同じくする毛翅目（トビケラ）によく似ていることがわかると思う。ちなみに、トビケラの口は、下唇と下咽頭が融合した特有の吸器に進化している。

188

第5章　ドングリの木と昆虫たちの進化の歩み

図127　毛翅目（トビケラ）の成虫
（上）トビイロトビケラ成虫
（下）ツマグロトビケラ成虫
（2点とも、河瀬直幹氏撮影）

図126　原始的な鱗翅目、ヒロコバネ科の成虫
（上）ニッポンヒロコバネ成虫
（下）マツムラヒロコバネ成虫
（2点とも、橋本里志氏撮影）

食べる植物の拡大と種の分化

　第4章でぼくが提案した「異食性種分化」の考え方を用い、食性の変化をベースにガ・チョウ類の進化を追ってみよう。以降は、192ページの図129に示した系統樹をみながら読んでいただきたい。

　最も原始的鱗翅類と考えられているコバネガ類は、幼虫が苔類や菌類の胞子、枯葉を食べていた。コバネガ類で突然変異などにより食べ物の転換が起こって、裸子植物や被子植物が利用できる樹上生活性の種へと分化したか、それとは別に新たに裸子植物や被子植物を利用するものが現れ、ガ・チョウ類は地上生活から樹上生活へ移行していったものと考えることができる。

裸子植物を食べる

　最初に裸子植物を利用できるようになって樹上生活を始めたのは、カウリコバネガ類

189

だと考えられている。

彼らの幼虫は、オーストラリア東北部やソロモン諸島、ニューカレドニアなどに生える裸子植物でナンヨウスギ科に属するカウリマツというマツの仲間の球果の種子中に食い入る「種潜り（シードマイナー）」である。成虫の口にストロー状の口吻はなく、コバネガと同じように噛むための大腮を持つが、食べ物はわかっていない。大腮に切り歯がないことから、食べるのは非固形物だろうと推測されている。

被子植物を食べる

続いて、最初に幼虫が被子植物を食べるようになったのは、モグリコバネガ科だとされている。彼らの幼虫は、ブナ科に属するが、初期に分化して南半球にのみ分布するナンキョクブナの葉に潜る「葉潜り（リーフマイナー）」である（つまり、カウリコバネガ科と同じく、日本には生息していない）。モグリコバネガ科の成虫も大腮を持ち、花粉を食べると推定されている。先の裸子植物を食べるカウリコバネガ類と、被子植物を食べる本種と、どちらが先に出現したのかは不明である。

ガ・チョウ類で最初に利用した被子植物が、ドングリの木（ブナ科植物）なのだ。この偉業はモグリコバネガ類が最初に成しとげた。この広葉樹を食べるモグリコバネガ類の出現が、現在のガ・チョウ類の繁栄につながったと言っても過言でない。

歯とストローを持つ
スイコバネガ科

以上の3グループよりさらに1段階進化したと考えられているスイコバネガ科の成虫は、なんとストロー口（口吻）と歯の両方を持っている。ストロー口は機能し、歯は機能しておらず、すなわち退化して飾りの歯になって

第5章　ドングリの木と昆虫たちの進化の歩み

進化の系統樹

単食性から多食性へ

いる。スイコバネガ科は北半球にすみ、幼虫はブナ目のブナ科とカバノキ科、そして稀にバラ目の葉の中に潜るリーフマイナーである。なお、成虫はチョウのように昼に飛ぶという特徴をもっている。

その次に進化したと考えられるホソコバネガ科の成虫は、現在のチョウと同じくストロー口だけで歯は退化して消失してしまっている。ホソコバネガ科は、北アメリカ大陸西部に生息し、幼虫はクロウメモドキ目の葉に潜り、枯葉の下に繭をつくって蛹となる。

それ以降のガ・チョウのグループはすべてストロー口だけになった。これらの仲間は有吻類（ゆうふん）と呼ばれ、今ではガ・チョウ類（鱗翅目）全体の99.9％を占める（ただし、カイコガ科、ヤママユガ科、カレハガ科、ドクガ科などは二次的に口吻を退化させ、成虫は何も食べなくなっている）。

図128　スイコバネガ科成虫の頭部
（ストロー口と歯の両方を持つ）
［橋本（1998）の図を改変］

その後も、同じ種の中である個体が今まで卵を産んできた植物とは別の植物に産卵するようになり、産まれた幼虫の中にその植物を食べて成長できる個体が出現すると、長年かけて独立された種が樹立されていく。

原始的グループに属する小蛾類（しょうが）（ミクロレピドプテラ）は、1種類の植物か同じ植物属の植物しか

191

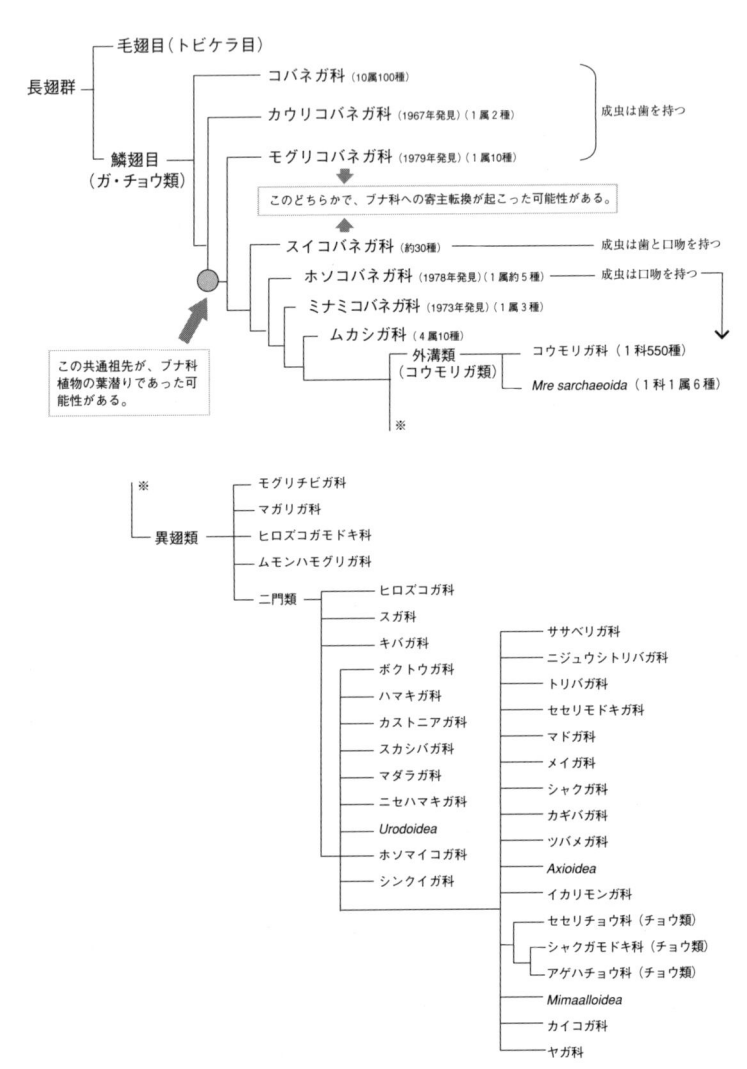

図129 鱗翅目の系統樹 [Kristensen (1998)、駒井 (1998)を改変]

第5章　ドングリの木と昆虫たちの進化の歩み

図130　ガ・チョウ類の進化 [Kristensen（1998）を改変]

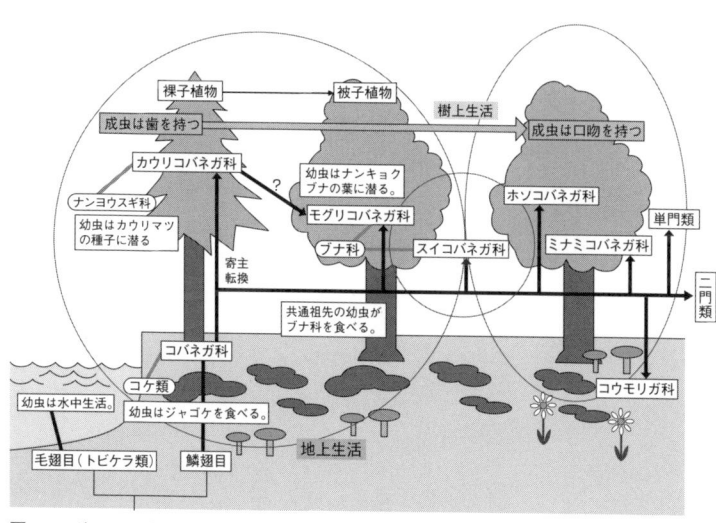

食べることができない単食性や、同じ植物科内しか食べることができない寡食性の種が多い。そのため彼らは、永年同じ種を保持してきたのだろう。

一方、小蛾類より進化した大蛾類（マクロレピドプテラ）に属するグループの多くは、進化過程で多くの幼虫が食べる植物の転換がなされ、単食性から多食性の種までさまざまな食性種が混在する雑多な種群になっていった。

とはいえ、多食性の種でも、その食性を解析してみると、ブナ目とその比較的近縁であるとされるバラ目に属する特定の科に嗜好性が高いといったケースがかなり見受けられる。これは歴史的な潜在的食性が出ているのかも知れない。

残念ながら、これらを解明する研究事例は今のところない。

193

食性解析調査とも付合する仮説

被子植物を利用する原始的なガ・チョウ類のナンバー1とナンバー2の幼虫が、ブナ科植物の葉を食べるという事実は、両者との間に歴史的な深い関係があることを想像させる。

以上の系統樹と、それをもとにした鱗翅目の進化の道筋は、クリステンセン（1998）が提起した次の仮説に基づいている。

① モグリコバネガ類とスイコバネガ類の2グループ、またはどちらかのグループで苔類、裸子植物などからブナ科植物へと幼虫が食べる植物の転換が起こった。

② モグリコバネガ類とスイコバネガ類の共通祖先が、ブナ科植物のリーフマイナーであった可能性については排除できない。

これらはあくまで推測に過ぎないが、第3章と第4章で述べた鱗翅目の食性解析調査でも、ブナ科植物と鱗翅類とは非常に深い関係にあるという結果が示されており、ぼくはクリステンセンの説を強く支持するのである。

3. ドングリの森と人間

新生代のブナ科植物

最後に、ドングリの木と人間との関わりを紹介して本書を締めくくりたいと思う。まず、新生代（約6500万年前〜現在）における植生の変化を追ってみよう。

日本列島の形成

始新世（5500万〜3400万年前）の前期から中期にかけては、地球全体が温暖で湿潤な気候下にあり、後に日本列島となる地域には、メタセコイアなどのスギ科針葉樹を中心に常緑のブナ科植物が森林を形成していた。これらが、その後、大規模な石炭層となる。やがて始新世後期になると、気候の寒冷化が起こり、東北日本では落葉性ブナ科、南西日本では常緑性ブナ科（カシ類）と、それぞれ異なる植物相が分布するようになった。

約1700万年前、日本海ができて日本列島が形成（ただし、まだ大陸とはつながっている）された頃には、ブナ科、カバノキ科、バラ科など温帯の広葉樹が広く分布していた。その化石から、ほぼ現生種と変わらない姿になっていたことがわかっている。

蒲生沼沢地群のブナ科植物化石

約400万年前、現在の三重県上野盆地に湖が誕生した。大山田湖（おおやまだ）と名づけられているこの湖が、徐々に北上し、約40万年前にほぼ今の琵琶湖になったと考えられている。そこに至るまでの約250万〜180万年前の時期、現在

| 主な地層 | | | 鈴鹿山脈礫層？鮎河層群 | 古琵琶湖層群 | 段丘堆積物 | 沖積層および崖錐堆積物 |

(縦書き:) 日本列島の形成／沈降(第一瀬戸内海)(甲賀に浅海の進入)／内陸盆地の形成(第二瀬戸内海)(古琵琶湖誕生)／鈴鹿・比良山地の上昇・傾動地塊化(段丘・扇状地の形成)

A

年代(万年前)			6000	2000 1000	400 200	100 10 1
地質時代区分	中生代		新生代			
	白亜紀	古第三紀		新第三紀		第四紀
	後期	暁新世 始新世 漸新世	中新世		更新世	完新世

B

年代(万年前)		164	100	70	50	40	30	20	13	10	5 4 3 2	1	0.5	現代
氷期			ドナウ寒冷期	間氷期		間氷期		間氷期	リス氷期	リス・ヴュルム間氷期	ヴュルム氷期		後氷期	
地質時代	鮮新世 第三紀	前期				中期				後期			完新世	
						更新世								

C

年代(万年前)	14 13	12 11 10 9 8 7 6 5 4 3	2	1	0.5	0
地質時代	中期	更新世 後期			完新世	
海面変化／気温変化 高暖 低寒	最終間氷期	最終氷期			後氷期	
考古学編年		旧石器時代		縄文時代 草創期 早期 前期 中期 後期 晩期	弥生・古墳	歴史年代

D

時代	旧石器時代		縄文時代						弥生時代	古墳時代	歴史年代
年代(年前)	3万	2万 1万2000	草創期 1万	早期 6000	前期 5000	中期 4000	後期 3000	晩期 2300	1700		
主要遺跡	瀬田川川底遺跡	田上山遺跡		石山貝塚		粟津湖底遺跡	穴太遺跡		下之郷遺跡 大中の湖南遺跡		
推定低地の植生	針葉樹林	針葉樹林		落葉広葉樹林			常緑広葉樹林(落葉広葉樹林)		常緑広葉樹林(落葉広葉樹林)		

E

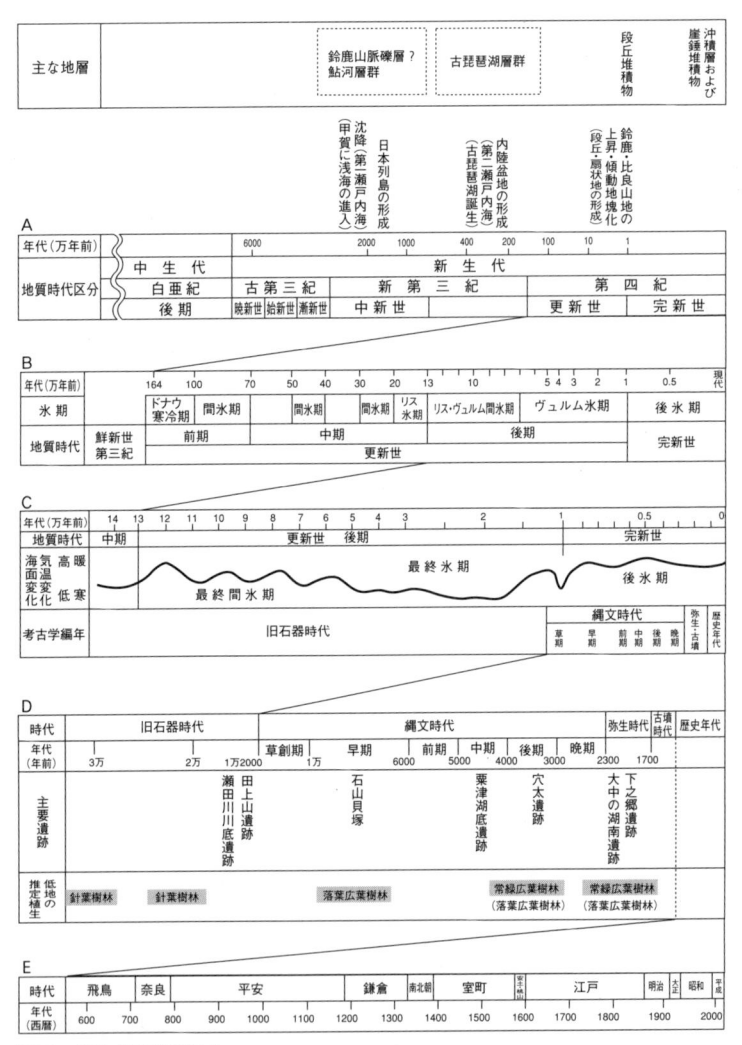

時代	飛鳥	奈良	平安	鎌倉	南北朝	室町	安土桃山	江戸	明治	大正	昭和	平成
年代(西暦)	600	700	800 900 1000 1100	1200 1300		1400 1500		1600 1700 1800	1900			2000

図131 新生代の時代区分
[小林(1997)『滋賀の植生と植物』掲載「滋賀県の地史・主要遺跡・植生の変遷」に加筆]

第5章　ドングリの木と昆虫たちの進化の歩み

図132　古琵琶湖層の一つ、蒲生沼沢地群から見つかった化石
①メタセコイア根の化石（産地：東近江市）　②ドングリの殻斗化石（産地：甲賀市水口町幸が平）　③ミズナラの葉化石　④クヌギの葉化石　⑤ブナの葉化石（③〜⑤産地：甲賀市水口町北内貴）　　　（以上5点、みなくち子どもの森自然館提供）

の湖南から湖東地方にかけて湖や沼、湿地が点在していたことがあり、これは蒲生沼沢地群と呼ばれている。

この地層からは、ゾウやシカの足跡の化石とともに、スギ科メタセコイア属の化石林が発見されている。メタセコイアの森林は、約150万年前に姿を消してしまったとみられている。

化石としては、メタセコイアのものが広く知られているが、同じ頃、沼沢地周辺にはブナ科植物も多数生えていた。落葉広葉樹であるブナやクヌギ、ミズナラの葉、そしてドングリの殻斗の化石などが発見されている。これらの木を食べる鱗翅目昆虫（チョウ・ガ類）がいたことも間違いないだろう。化石林の地層からは、堅い甲虫の翅の化石はよく見つかる。

197

常緑性広葉樹（カシ類）の拡大

約80万年前以降、氷期と間氷期がくり返されている。図131-Cに示した最終氷期にあたる約2万5000年前の日本列島の植生が図133上で、落葉・常緑広葉樹が生える暖温帯は関東から九州にかけての太平洋側のわずかな範囲にすぎなかった。

その後、1万5000年前頃から気温が上昇し、クヌギ、コナラ、アベマキ、クリなど落葉性ブナ科植物を主体とする暖温帯落葉広葉樹林が東日本を中心に広い範囲で形成されていたことが、花粉化石の分析などによってわかっている。

図133下のように、氷河期が終わって以降の温暖化とそれにともなう降水量の増加によって針葉樹林が北方へ後退し、縄文時代には東日本を中心に広範囲に温帯

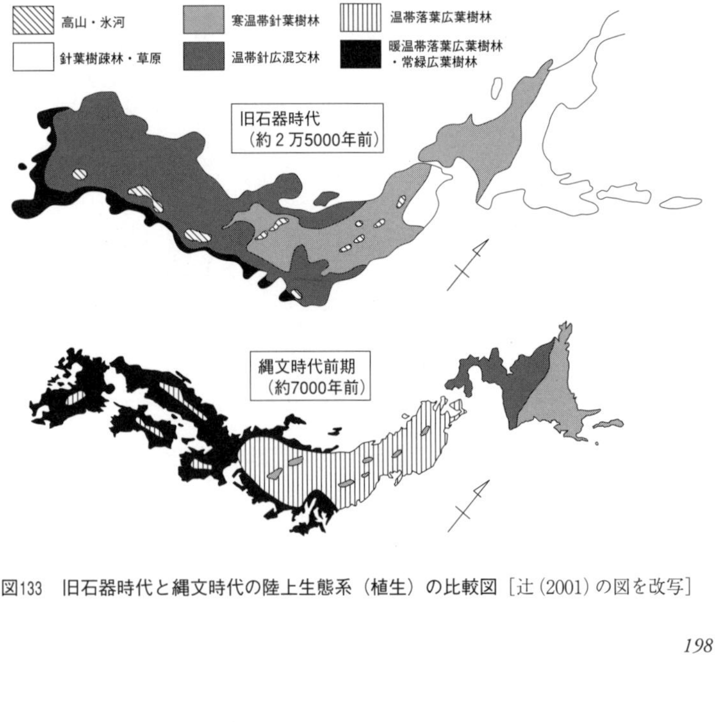

図133 旧石器時代と縄文時代の陸上生態系（植生）の比較図 ［辻（2001）の図を改写］

第5章　ドングリの木と昆虫たちの進化の歩み

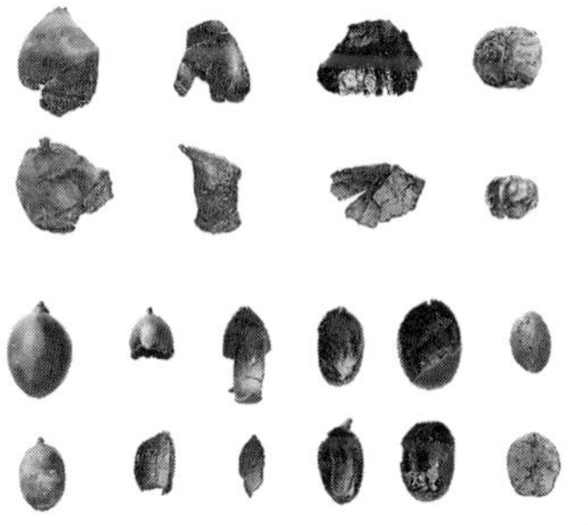

図134　粟津湖底遺跡出土のクリ（上2列）とコナラ属（下2列）の果実・炭化種子
（滋賀県教育委員会提供）

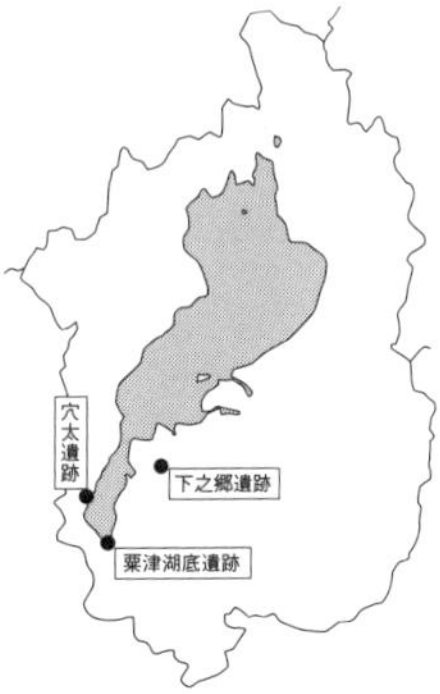

図135　縄文・弥生遺跡の位置

落葉広葉樹林が形成された。

そして、より一層気温と降水量が上昇した約7500年前を境に、落葉広葉樹林を主体とする落葉広葉樹林が後退し、代わって、カシやシイの常緑広葉樹林（照葉樹林）とスギ林が拡大していった（約7000年前の状態を示した図133下は、常緑広葉樹林の拡大がいくらか進んだ時期にあたる）。

ちょうど温帯と暖温帯の境目に位置する現在の滋賀県あたりの縄文人は、食糧の変更を余儀なくされた。琵琶湖の南端で発見され、淡水貝塚として世界一の規模を誇る粟津湖底遺跡（大津市）から出土した堅果類の殻（食べた後にゴミとして捨てられたもの）の分析からも裏づけられる。縄文時代早期の初め（約9300年前）の層からは、クリの殻が大量に発見されたのに対し、縄文時代中期の初め（約4500年前）の層からはトチノキ（トチノキ科）、ヒシ、イチイガシ（常緑性ブナ科＝照葉樹）の殻が大量に見つかっており、明らかな食生活の変化が見て取れるという。

北方に位置する青森県で、直径1mものクリの木柱6本を立てた大型掘立柱建物跡が見つかり話題となった三内丸山遺跡の場合は、縄文時代前期中頃から中期末葉（約5500～40

199

〇〇年前）の大規模な集落跡であるが、落葉樹であるクリが建材としても食糧としてもかなり重要な役割を果たしていた。出土したクリのDNA分析から、よい実をつけるクリを選択的に植えて栽培していた可能性が高いともされている。

縄文時代後期末（約3200年前）の竪穴住居などが見つかった大津市の穴太遺跡の場合、川の跡の中から縄文人がドングリを水に浸して貯蔵していた穴が見つかっている。穴の底に層をなしていたドングリには、落葉性のクヌギ・ナラガシワ（ナラ類）と常緑性のイチイガシ・アカガシの両方が含まれていた。遺跡内からは28本もの木の株が見つかり、最も多かったのはイチイガシの根だった。この時期には、常緑樹林化が進んでいたことを示している。

つまり、気候の温暖化による常緑広葉樹林（カシ類、シイ類）の拡大で、天蚕（ヤママユガ）の食樹であり、特に鱗翅目昆虫と関わりの深かった落葉広葉樹林（コナラ属＝ナラ類）は、自然状態であれば常緑樹の副次的樹木になっていたのかもしれない。

二次林として新たな展開

それにもかかわらず、後者が現在も山林の中心的樹木として残っているのは、人が建築材や薪炭材などに利用するための二次林＝雑木林として必要とし、生み出しつづけてきたからなのである。特に、同じブナ科ではあっても、ブナと、クヌギ、コナラ、ミズナラなどでは、成長できる環境が異なる。「陰樹」であるブナは、日光があ

図136 穴太遺跡で出土したイチイガシの樹木根
（滋賀県教育委員会提供）

第5章　ドングリの木と昆虫たちの進化の歩み

周辺植生
① ケヤキ林（原植生）
② ハンノキ林（原植生）
③ コナラ林（二次植生）
④ 林縁植生（二次植生）
⑤ 裸地植生（二次植生）
⑥ 水生植物群落（二次植生）
⑦ 水生植物群落（原植生）
⑧ 水田
⑨ シイ・カシ林（はなれた高台）

図137　下之郷遺跡　古環境復原画（守山市教育委員会提供）

まり当たらない日陰でも成長できるので、生い茂った林の中でも若い樹が育ち、老樹が枯れれば、世代交代が行われる。一方、「陽樹」であるナラ類（クヌギ、コナラ、ミズナラ）は、日光が十分に当たらないと若芽が育たないため、自力では世代交代が難しい。山火事や風水害などの自然災害か、人の手による伐採によって葉の茂った樹冠が失われて初めて、世代交代が行われるという性質を持っている。

弥生時代（紀元前100年頃）、琵琶湖に注ぐ野洲川下流域に営まれた大規模な環濠集落として知られる下之郷遺跡の復原図を図137に示した。森林を切り開いてつくられた集落の周辺には、コナラの二次林が形成されていたと考えられている。

その後、稲作の拡大にともなう集落周辺の樹林は伐採され、開墾が進んだ。平安時代末期（12世紀）に編纂された『今昔物語集』の一番最後に「近江国栗太郡の大柞のものがたり」という話がある（23ページ、図4の旧郡別地図を参照。栗太郡は現在の草津市、栗東市、

大津市の東南部にあたる。栗太を、明治以降は「くりた」、江戸時代までは「くりもと」（くるもと）と読んだ）。昔、近江の国栗太の郡に、大きな柞（ははそ）の樹が生えていた。その周囲は５００尋（約７６０m）もあり、その影が、朝には丹波の国に夕べには伊勢の国にさした。志賀・栗太・甲賀３郡の百姓は、日が当たらないので田畑の作物が育たなかった。天皇が家来を遣わして、この樹を切り倒し、田畑の作物は豊かに育つようになったというあらすじである。「柞」とは、落葉性ブナ科植物、クヌギなどのナラ類の総称として古代から用いられてきた言葉である。滋賀県の方言ではホソ、ホスなど広くはクリも含まれるので、おそらく犬上郡（いぬかみ）に伝わる主人の猟師を助けた名犬・小白丸の伝説などと同じように郡名の由来を述べるためにできあがった伝承だろうが、期せずして地域の樹林と田地の関係を語っている。

平野部の樹林が切り開かれる一方、平安時代には中国から炭焼き窯（がま）による製炭技術が伝来し、近畿地方では早い段階に普及している。凶荒時を除けば、食糧としてのドングリと人との縁は薄れたが、調理や暖房に用いる燃料を得るためにその材の需要が増していった。

室町時代（１５世紀）に成立した説話集『三国伝記』には、巻第三第二十四に「江州栗太郡事」（ゴウシュウクリモト）という題で、「近江国栗太ノ郡ト申ス＾ハ栗ノ木一本ノ下ナリケリ」と始まる話が収められている。このクリの木も、『今昔物語集』の柞の木と同じような巨木で、農業の妨げとなるので人々は斧で切り倒そうとするが、切られた切り口は夜の間に治ってしまう。大勢のきこりを集めて毎日切らせてももとの木に戻る。なぜかというと、このクリの木は樹木の王であるため、夜のうちにさまざまな草木がやって来て削り屑（くず）をつけて治していたのである。ところが、「草木のうちには入らない」と蔑（さげ）んで

202

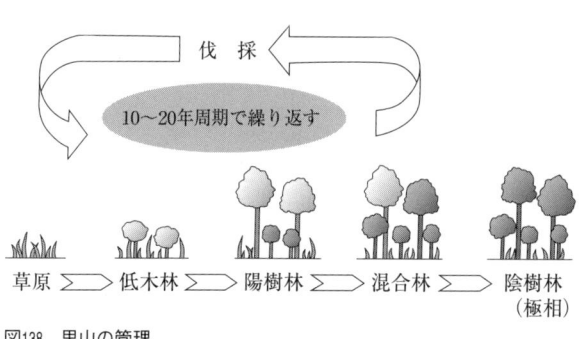

第5章　ドングリの木と昆虫たちの進化の歩み

図138　里山の管理
（栃内新・左巻健男編著『新しい高校生物の教科書』講談社刊より）

追い返した蔓草の裏切りによって、クリの巨木は切り倒されてしまった。面白いのは、樹木の王であったクリの巨木が切られても切り株から新しい芽を出す萌芽能力が優れているというブナ科植物の性質を表現しているものかもしれない。切り株から伸びた若芽（「蘖」と呼ばれる）は1年で、コナラは1m、クヌギでは条件がよければ1.5mほども伸びるとされ、ドングリが芽を出した場合よりも成長がはるかによい。

この性質を利用して、10～20年周期で伐採による人工的な世代交代を行い、「陽樹」であるナラ類の林から永続的に木材を得てきた場所が、いわゆる里山の雑木林である。

近世以降の樹林

豊臣秀吉によって琵琶湖の船奉行に任命された芦浦観音寺の僧が、海津など近江北部の港から大津までの運賃を定めた慶長3年（1598）の文書には、炭や割り木を50石の船に積んだ場合の運上金（税）として4匁が定められている。湖西（高島郡）などの山村では、炭が領主朽木氏に納める年貢にもなり、江戸時代を通して柴刈りや炭焼きの境界を侵したとして村同士の争い（相論）が幾度も起こっている。

滋賀県下の山麓や丘陵地では、農用林や生活用林として落葉

203

広葉樹の二次林が維持・管理されてきた。毎年冬から早春にかけては、林内の落ち葉や草木がかき集められ、水田や畑の堆肥・厩肥(家畜の糞尿と草などを混ぜてつくる肥料)の材料となった。木々は15～20年に一度すべて伐採されて薪や炭に加工される。その跡地では切り株から数本の芽を出して、再びコナラやクヌギ、アベマキが育った。

『滋賀県物産誌』の記録から明治初期の炭生産量を郡別でみると、犬上郡と高島郡で特に多い。山村で焼かれた炭は琵琶湖岸の港へ出荷され、琵琶湖を渡って大津へ、さらに京阪神に販売された。スギやヒノキなどよりも薪炭材用のクヌギやホソ(ナラ類)が積極的に伐採後、次の生育までに100年以上の間隔を要するのに対し、後者は平地林であれば10年、傾斜地のやせた場所でも30年余りで切り株から新たな幹が育ったためである。全国的には針葉樹の植林が増加する中、高島郡では薪炭林の植林も行われた。高島郡役所が明治時代末につくった「高島唱歌」の歌詞には、「くぬぎの造林、いと多く」という一節がある。

ただし、滋賀県全域でドングリの木の里山が維持されてきたわけではない。主に県南部、北部でも平野部に近接する山麓では、木々の濫伐から荒廃する山が多く、荒れ地でも生育するアカマツの二次林が形成された。これは、干鰯や〆糟などの金肥(購入肥料)が普及する以前、田に踏み込む自給肥料として草や木々の若葉、小枝が使われていたためで、全国的な現象である。刈敷と呼

図139 木炭の集荷
(高島郡朽木村、昭和30年前後、『滋賀県市町村沿革史 第4巻』より)

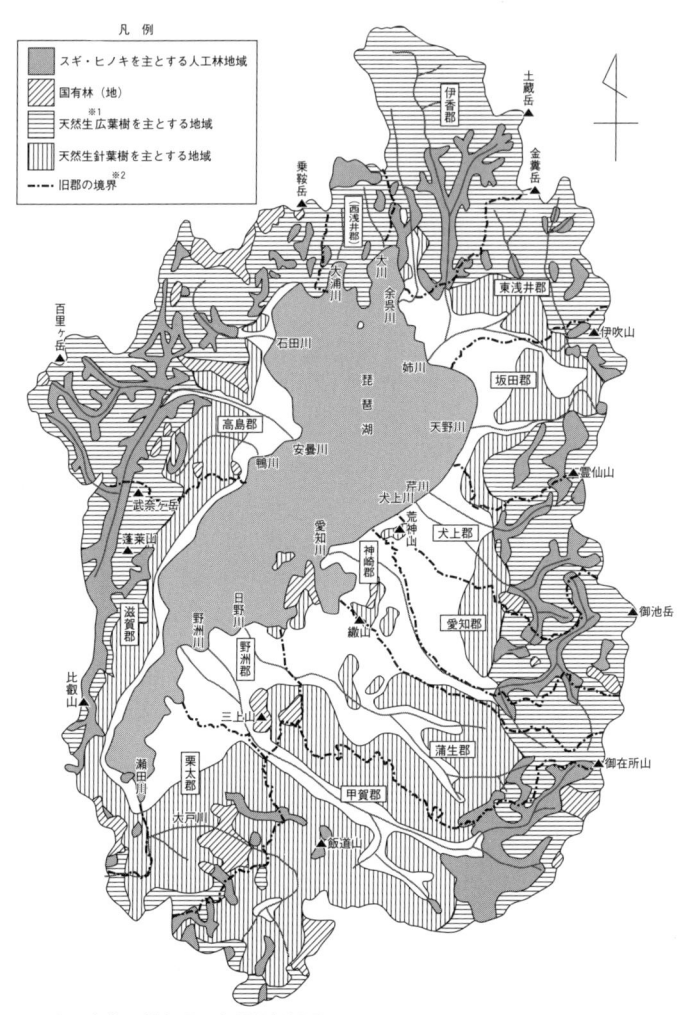

第5章　ドングリの木と昆虫たちの進化の歩み

図140　昭和30年代の滋賀県民有林相概況図

(『滋賀県史 昭和編 第3巻』掲載の図を一部加筆訂正)

※1…天然生は生殖が自然播種によることを意味し、育成段階には人の手が加えられている。
※2…本文では近世から明治初期にかけてを扱っているため、当時の郡境界を用いた

ばれた肥料用の草や柴、燃料となる薪を得るために、村々では所有する山を草山、柴山、立木山などに区分し、それぞれの植生を維持しようとした。古い枯草を焼いて青草の生育をよくするため、春先に火入れを行う草山を、湖西の方言ではホトラ山と呼んだ。近江平野の中にある荒神山（彦根市）などの小高い山々でも、山の草や柴をめぐって周囲の村どうしで起きた争いの記録が残されている。

刈敷だけで肥料としての必要量を賄うためには田地面積以上の草山や柴山が必要だったとされ、自ずと利用は限度を超えた。ハゲ山として古くから有名だった田上山系（大津市）は、地質が花崗岩で表土が流出しやすいところに、こうした草木の利用が重なったことが荒廃の原因とされる。山間部からの土砂流出は川の流れを妨げ水害などを引き起こしたため、近江南部に領地を有する膳所藩などには、山への植林を行う土砂留役が置かれた。元和元年（1615）、大坂夏の陣に勝利して江戸へ戻る途中の徳川2代将軍秀忠が、その荒廃した姿を見て植林と保護を命じ、その後、江戸時代を通じて山全体に緑が保たれた三上山（野洲市。別名「近江富士」）は例外的な存在だった。

『滋賀県物産誌』に記された明治10年代前半の村々の山地概況をみていくと、「雑木」、あるいは「栗」「ホソ」などの広葉樹が多く、南部には針葉樹の「松」が多いという樹種の相違がある。これは、図140に示した昭和51年（1976）発行『滋賀県史』記載の林相概況図（大中の湖が干拓前の姿であるため、昭和30年代の概況と考えられる）でもそのまま引き継がれている。

燃料革命以後

昭和30年代半ば、日本人の生活に大きな変化が訪れた。家庭の炊事や暖房用としてガスや石油が普及した、いわゆる「燃料革命」である。図141のとおり、滋

206

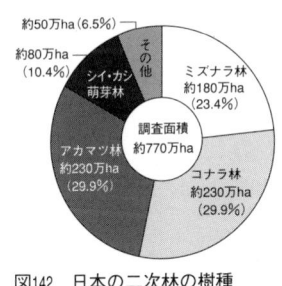

第5章　ドングリの木と昆虫たちの進化の歩み

図142　日本の二次林の樹種
(「第5回自然環境保全基礎調査 植生調査結果」をもとに作成)

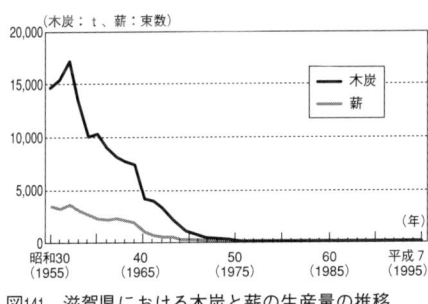

約50万ha(6.5%) その他
約80万ha(10.4%) シイ・カシ萌芽林
ミズナラ林 約180万ha(23.4%)
アカマツ林 約230万ha(29.9%)
コナラ林 約230万ha(29.9%)
調査面積 約770万ha

図141　滋賀県における木炭と薪の生産量の推移
(滋賀県大津林業事務所編『湖南の里山林』より)

賀県における木炭の生産量は急速に減少していき、昭和40年代末にはほぼゼロとなった。炭焼きが重要な収入源だった山間部では人口流出が起こり、平野部でも、化学肥料やトラクターなど農業機械の利用が始まって、里山林の必要性はなくなっていった。名神高速道路の開通によって、湖南地方を中心に里山に工業団地や住宅地の開発が進む。

現在も、歴史的に里山として利用されてきた二次林が日本の森林の3～4割を占める。環境省の委託により財団法人自然環境研究センターと財団法人日本自然保護協会が、平成11～13年(1999～2001)度に調査した結果によると、調査された二次林は、西日本(特に中国地方)に多く、図142の円グラフのように分類できる。西日本(特に中国地方)に多く、図142の円グラフのように分類できる。アカマツ林を除けば、ミズナラ、コナラなど落葉性コナラ属の林が双方合わせて50％強となり、シイ・カシ類(常緑性ブナ科)の林を含めれば、二次林のおよそ3分の2はドングリの木の林であることが確認されたのである。

しかし、シイタケ栽培のほだ木などに利用され続けてきた一部を除いて、ほとんどの里山の木々が伐採や定期的な下草刈りもされないまま40～50年も放置された状態にある。大木となった木は

207

その枝葉がつくる日陰で、若い後継樹の生育をさまたげ、ツツジ、アセビなどの低木が藪のように茂っている。樹齢を重ねたクヌギ、ナラ類の萌芽能力は衰え、伐採による更新も困難である。

チョウ・ガ類を育んできた里山の今後

森と人とのつながり

　森の生物多様性維持には、人の森林への関わり方が大きく影響する。ユーラシア大陸では古代文明が豊かな森で生まれ、それをつなぐ文明の回廊があった。古代文明と豊かな森には密接な関係があるのだ。文明回廊はドングリの木を中心とする温帯の広葉樹の森でつながっており、そこには多様な生物が生息し、自然の浄化能力、回復力、治癒力があった。人類はその豊かな森林の中で生活してきた。人類が生活するためには豊かな森林環境が必要で、森と人も含めた多種多様な動植物など生き物の間に相互に支え合うつながりがあって初めて人が生存できる。

里山管理の必要性

　人は自然環境を切り崩して、自分たちが生活するために道路や住宅地、農地、人工林、そして二次林である雑木林などを造成してきた。このような人工的な環境の里山周辺では、人が管理することによって初めて生物多様性が維持できている。雑木林では、間伐など、人が管理することによって初めて林内が明るくなる。そこでは風や動物によって運ばれた種子や土中で眠っていたさまざまな埋没種子などが目覚め、多種多様な植物が生えるようになる。すると、それらの植物を食べる多種多様な昆虫や動物たちが集まってくる。

第5章　ドングリの木と昆虫たちの進化の歩み

雑木林は人の手が加わることで、自然状態よりも多くの生き物の活動が可能となり、粗放的に管理され、複雑な生態系が営まれているのである。

ここにきて、彼らに縄文時代半ば以来の危機が訪れている。

里山の崩壊

ドングリの木を中心とした雑木林はこれまで人によって管理され、その中でドングリの木と鱗翅目昆虫（チョウ・ガ類）がともに育まれてきた。

日本の高度成長期が始まって以来、里山の雑木林や植林地では、人の生活様式の変化や国際経済の影響によって放任状態になり、次第に人々と里山の関わりが薄れ、里山は人によってあまり管理されない場所になっていった。残念なことだが、ドングリの木が生え、多くの鱗翅目昆虫が生きている里山は、全国規模で、今まさに、崩壊しつつある。

主にブナ科落葉広葉樹林で構成された里山とは、人が管理することによって初めて人が心地よく思う不思議な人工的自然空間である。過度の伐採は自然破壊につながるが、放置すれば常緑樹林に変わり、そこに営まれた生態系は失われる。その中間、適度な干渉によって樹林に世代交代を促し、いかに人工的自然環境「里山」における人と自然との共生を図っていくか、そのバランスが難しいと滋賀県立大学初代学長で京都大学名誉教授の日髙敏隆先生はいう。

ぼくたち子孫が快適に地球上に長く生き延びるための答えは、昔の里山構造から学ぶことができる。昔の里山構造には人と自然とがうまく付き合っていくロジックが隠されている。

参考文献

Bush, G. L. (1969) Sympatric host race formation and speciation in frugivorus flies of the genus Rhagoletis. *Evolution*, 23 : 237-251.

Bush, G. L. (1975) Sympatric speciation in phytophagous parasitic insects. In: *Evolutinary Strategies of Parasitic Insects*, (P.W.Price, ed), London: Plenum Press, 187-206.

Feeny, P. (1970) Seasonal changes in oak leaf tannins and nutrients as a cause of spring feeding by winter moth caterpillars. *Ecology*, 51 : 565-581.

Forbes, W. T. M. (1920) The Lepidoptera of New York and neighboring states. *Cornell Agr. Exp. Sta. Memo*, 68 : 729 pp.

Hashimoto, S. (2006) A taxonomic study of the family Micropterigidae (Lepidoptera, Micropterigoidea) of Japan, with the phylogenetic relationships among the Northern Hemisphere genera. *Bull. Kitakyuushu Mus. Nat. Hist. Hum. Hist. Ser. A*, 4 : 39-109.

Hering, E. M. (1950) Die Oligophagie phytophager Insekten als Hinweis aus eine Verwandtschaft der Rosaceae mit den Familien Amentiferae. *Eight International Congress of Entomology*, 74-79.

Southwood, T. R. E. (1960). The number of species of insect associated with various trees. J. Anim. Ecol. 30 : 1-8.

Teramoto, N. (1990) Lepidopterous insect pest fauna of deciduous oaks, *Quercus* spp. (Fagaceae), food plants of the larva of Japanese wild silk moth, *Antheraea yamamai*(1). *Tyo Ga*, 41 : 79-96.

Teramoto, N. (1993) Immature stages of a Sticopterine moth, *Lophoptera hayesi* (Lepidoptera, Noctuidae). *Jpn. J. Ent.*, 61 (2) : 197-202.

Teramoto, N. (1994) Serious insect pests attacking deciduous oaks (Fagaceae) as the food plants of the wild saturnid moth, *Antheraea yamamai*, in Japan. *Int. J. Wild Silkmoth & Silk*, 1 : 73-79.

Opler, P. A. (1974) Fossil lepidopterous leaf mines demonstrate the age of some insect-plant relationships. *Science*, 179 : 1321-1323.

Opler, P. A. (1974) Biology, ecology, and host specificity of Micro-lepidoptera associated with *Quercus agrifolia* (Fagaceae).

参考文献

Yoshida, K. (1986) Seasonal population tends of macrolepidopterous larvae on oak trees in Hokkaido, Nothem Japan. *Kontyû*, 53: 125-133.

赤井弘・栗林茂治ほか（1990）『天蚕』サイエンスハウス

石谷憲男・小田精・片山正英・倉田悟・辻良四郎・松原茂・横瀬誠之（1964）『原色日本林業樹木図鑑』地球出版

井上寛・杉繁郎・黒子浩・森内茂・川辺湛（1982）『日本産蛾類大図鑑I』講談社

今津町史編集委員会編（1999）『今津町史』第2巻　近世　今津町

いわさゆうこ（2006）『どんぐり見聞録』山と渓谷社

内田亨監修（1972）『動物系統分類学7下C節足動物』中山書店

NHKスペシャル「日本人」プロジェクト編（2001）『日本人はるかな旅　第3巻　海が育てた森の王国』日本放送出版協会

奥井一満（1980）『悪者にされた虫たち』朝日新聞社

鎌田直人（2005）『日本の森林／多様性の生物学シリーズ5　昆虫たちの森』東海大学出版会

刈田敏（2002）『水生昆虫ファイルI』つり人社

川上洋一（2007）『世界珍虫図鑑　改訂版』柏書房

河原畑勇ほか（1998）『クワコとカイコ、クワコからみたカイコと養蚕業の起源に関する一考察』文部省科学研究費補助金　基礎研究（A）（2）研究成果報告書（別冊）課題番号：07406004

北川尚史監修・伊藤ふくお著（2001）『どんぐりの図鑑』トンボ出版

北村四郎・村田源（1979）『原色日本植物図鑑・木本編II』保育社

甲賀市史編さん委員会編（2007）『甲賀市史　第1巻　古代の甲賀』甲賀市

国立科学博物館編（2006）『国立科学博物館叢書4　日本列島の自然史』東海大学出版会

小林勝利・鳥山國士（1993）『シルクのはなし』技報堂出版

小林圭介編著（1997）『滋賀の植生と植物』サンライズ出版

雀部三千雄編（1972）『浜ちりめん沿革誌』浜縮緬工業協同組合

滋賀県大津林業事務所編（1999）『湖南の里山林』滋賀県

滋賀県教育委員会・財団法人滋賀県文化財保護協会編（1997）『粟津湖底遺跡第3号塚（粟津湖底遺跡I）図版編・付表』
滋賀県教育委員会・財団法人滋賀県文化財保護協会編（1994）『一般国道161号（西大津バイパス）建設に伴う穴太遺跡発掘調査報告書I』
滋賀県蚕業指導所（1986）『滋賀県蚕糸行政機関の変遷』滋賀県蚕業指導所
滋賀県市町村沿革史編さん委員会編（1962）『滋賀県市町村沿革史 第5巻（資料編1）』
滋賀県市町村沿革史編さん委員会編（1963）『滋賀県市町村沿革史 第6巻（資料編2）』
滋賀県繭検定所（1984）『滋賀県繭検定所のあゆみ』滋賀県繭検定所
篠原昭ほか（1991）『絹の文化誌』信濃毎日新聞社
全国雑木林会議・中川重年・水野一男編（2001）『現代 雑木林事典』百水社
全国養蚕農業協同組合連合会・蚕糸の光編（1995）『技術・仕組みがよく解る図解養蚕』
田村道夫（1974）『植物の進化生物学I 被子植物の系統』三省堂
寺本憲之（1986）「天蚕食樹、ブナ科 Quercus spp.の加害昆虫調査と防除法」『滋賀蚕指研報』37：37-53．
寺本憲之（1993）「日本産鱗翅目害虫食樹目録（ブナ科）」『滋賀研報別号1』滋賀県農業試験場
寺本憲之（1994）「天蚕飼料樹、ブナ科落葉性コナラ属類の主要害虫の生態および幼虫形態」『滋賀県農業試験場研究報告』35：63-88
寺本憲之（1996）「天蚕（ヤママユ）飼料樹、ブナ科植物を寄主とする鱗翅目昆虫相に関する研究」『滋賀県農業試験場 特別研究報告』19：234pp．
寺本憲之（1997）「絹糸をつくるガ類」『日本動物大百科9 昆虫II』平凡社
寺本憲之（1998）「ブナ科植物と小蛾類」『小蛾類の生物学』保田淑郎ら、文教出版
寺本憲之（2000）「摂食試験によって判明した天蚕（ヤママユ）の食性と適性飼料樹」『滋賀県農総セ農試研報』41：32-52
寺本憲之（2007）「滋賀県浅井町を中心とした天蚕業」『田舎のちから』高橋信正ほか、昭和堂
内藤親彦（1988）「同所性種分化ハバチ類の適応進化の一断面」『昆虫学セミナーI進化と生活史戦略』中筋房夫編、冬樹社

参考文献

中澤和俊（2005）『新シルクロード　歴史と人物』講談社
中筋房夫（1988）「共進化はあるか」『昆虫学セミナーI進化と生活史戦略』中筋房夫編、冬樹社
永原慶二（2004）『苧麻・絹・木綿の社会史』吉川弘文館
長浜市総務部企画課編（1980）『写真集・長浜百年』長浜市役所
日本応用動物昆虫学会編（2006）『農林有害動物・昆虫名鑑（増補改訂版）』日本植物防疫協会
布目順郎（1979）『養蚕の起源と古代絹』雄山閣
野間晴彦（1989）『邦楽器糸制作（選定保存技術の記録）』橋本太雄
橋本里志（1988）「もっとも原始的なガーコバネガ」
水本邦彦（2003）『草山の語る近世』山川出版社
南木睦彦・岡本素治（1985）「ブナのきた道」『ブナ帯文化』梅原猛ら、思索社
宮脇昭（2006）『木を植えよ！』新潮社
六浦晃・山本義丸・服部伊楚子（1960）『原色日本蛾類幼虫図鑑（上）』保育社
六浦晃・山本義丸・服部伊楚子・黒子浩・児玉行・保田淑郎・森内茂・斉藤寿久（1969）『原色日本蛾類幼虫図鑑（下）』保育社
保田淑郎・広渡俊哉・石井実編（1998）『小蛾類の生物学』文教出版
野洲町編（1987）『野洲町史　第二巻　通史編2』野洲町
山脇悌二郎（2002）『事典　絹と木綿の江戸時代』吉川弘文館
栗東町史編さん委員会編（1990）『栗東の歴史　第二巻　近世編』栗東町
ロナルド・トビ（2008）『全集　日本の歴史　第9巻「鎖国」という外交』小学館
みんなで作る日本産蛾類図鑑　http://www.jpmoth.org/
ドングリ図鑑　http://www.ecoweb-jp.org/donguri.html
サイエンスZERO　http://www.nhk.or.jp/zero/contents/dsp138.html

213

おわりに

地球上に生命が誕生したのは38億年前、昆虫が誕生したのは約4億年前、そしてドングリ類が誕生したのは約2億年前、被子植物が誕生したのは約1億4000万年前、そしてドングリの木(ブナ科植物)は約9500万〜6500万年前に誕生した。地球上に目立った花を持つ被子植物との利用しあう関係が深まって共進化が加速して、それらと昆虫と被子植物との利用しあう関係が深まって共進化が加速して、種の多様化、淘汰が繰り返され、それらの関係は近年の地球上の生物多様性に大いに貢献した。これら生物多様性の恩恵により、人類はおよそ700万年前に出現できた。その後、人類は、多様な動植物を利用して反映し、昆虫では、食料にしたり、桑を食べる蚕やドングリの木の葉を食べる天蚕を飼育して衣服に利用してきた。

特に、ドングリの木とガ・チョウ類の歴史と彼らの食性を考察すると、相互に深い関係にあることがわかった。

このようにドングリの木と昆虫とは生物学的に密接な関係がある。「びわ湖の森」の里山に何気なく生えているドングリの木には大昔から昆虫との攻防があり、お互いに現在まで共進化してきた。また、ドングリの木は古来から人類と深い関係があり、人によって利用されてしてきた。琵琶湖周辺に存在する「びわ湖の森」の里山、ドングリの木、昆虫そしてぼくたち人の間には、切り離せない歴史的関係がある。今度、読者の皆さんが里山でドングリの木を見かけたら、この本

214

の話を思い出していただければ幸いである。

今から考えると、大阪から滋賀へ移り住み、最初の職場が蚕業指導所という小さな事務所であったことが、ぼくの人生を大きく変え、「びわ湖の森の生き物」の大切さについて考えるきっかけとなった。もし、最初にこの事務所以外の配属になっていたら、恐らく今のぼくはまったく別の方面に進み、まったく違う考え方で仕事をしていたであろう。

繭検定所内の宿舎から歩いてすぐのところにカネボウの繊維工場があり、琵琶湖があった。また、車で少し走ると里山、雑木林があり、昆虫採集にもってこいの自然に満ちあふれたフィールドがあった。

ぼくは、土日や休日などに白い幕を張りライトをつけて昆虫を夜間採集したり、植物から幼虫（毛虫）を採ったりして飼育を行った。また、大学時代に調査していたヒトリガ科という蛾の仲間に関する仕事は、大阪に通って調査を継続して、翌々年に論文としてまとめ、大学時代の恩師であった黒子浩先生のご指導を受けて初めて学会誌に投稿した。これがぼくの科学者としてのデビュー作品となる。

昆虫の一種である蚕だが、科学者の世界では、昆虫学と養蚕学とは異なっていて、実は両方の世界を知っている科学者は案外少ない。ぼくは、幸いなことに、大学では昆虫学、仕事では養蚕学の両方を学ぶことができた。

しばらくして、ぼくは琵琶湖の北端近くにある滋賀県農業試験場湖北分場という小さな事務所へ異動になった。ここでも桑栽培管理・家蚕飼育試験と天蚕飼料樹栽培管理・天蚕飼育試験とそ

の他、作物・野菜病害虫防除試験、獣害対策試験など数多くの仕事に携わった。

具体的には、桑栽培管理試験では本県の桑園が河川敷に多く立地するためライシメーター（桑園からの流出水を採取できる試験装置を使って農業排水のチッソ、リンの濃度を分析する）によって琵琶湖への富栄養化防のための環境保全型桑園施肥技術確立試験、新農薬に対する蚕毒調査など、家蚕飼育試験ではブロボシカミキリの生物的防除技術確立試験、殺虫性センチュウを利用した桑害虫キック給餌法による広食性品種の人工飼料育確立試験（桑以外のものでも食べられる品種を使った低コスト人工飼料育）、特殊用途蚕品種（洋装用の細繊度・太繊度品種）の飼育技術確立試験など、そして天蚕飼料樹栽培管理試験では天蚕飼料樹の害虫防除技術確立試験、天蚕飼育試験では天蚕系統の継代保存などを担当した。

また、県庁の兼務業務として、繭検定の岐阜県への委託業務、養蚕・天蚕農家の技術指導などもこなした。作物・野菜病害虫防除試験では稲黄萎病対策試験、小麦黒節病対策試験、昆虫殺虫性糸状菌を利用したコナガ、アオムシなど野菜害虫の生物的防除技術確立試験、畦畔管理による斑点米カメムシ類の防除技術確立試験（畦畔2回草刈り技術）を担当したが、現在、畦畔2回草刈り技術は県下全域で導入されている。

また、平成12年度（2000）から新たに始めた獣害対策試験では簡易獣害防護柵「おうみ猿落・猪ドメ君『サーカステント』・『ジャンボ』」などを開発した。本柵も現在県下に広く普及している。さらにその他では夏咲き小菊のエテホン処理による開花調節技術確立試験、キャベツの機械施肥確立試験など、幅広い仕事を担当させていただいた。

通常の試験研究職員は専門分野を担当するが、これだけ雑多で幅広い分野を担当した職員はこれまでいなかったであろう。

ドングリの木に寄生する昆虫調査については、独自に調査したデータを土日、休日などにまとめの作業を進め、黒子浩先生や同大学の故森内茂先生（専門は小蛾類の分類学者。大阪府立大学農学部元教授）に指導していただき、多くの科学論文を学会誌に投稿することができた。さらに、それまでの掲載された論文を総括し、平成7年（1995）に博士論文として「天蚕飼料樹、ブナ科植物を寄主とする鱗翅目昆虫相に関する研究」をまとめた。本論文は保田淑郎先生（専門は小蛾類ハマキガ科の分類学者。大阪府立大学農学部名誉教授）にご校閲、審査主査を担当していただいた。

以前、ぼくの恩師、故森内先生から「研究という言葉はたいへん重い言葉で、使用できるのは学位論文のような体系立った論文と小中学校の夏休みの自由研究ぐらいで、単発の科学論文のタイトルに安易に使用しないこと」と教えられてきた。この博士論文でようやく「研究」という単語を論文のタイトルに使用していただいた。現在でもその教えは守っている。

さらに、ぼくの人生を大きく変えたのは、滋賀県立大学初代学長（現、京都大学名誉教授）で世界的な動物行動学者である日髙敏隆先生との出会いである。日髙先生とは学術学会の運営などでご一緒に仕事をさせていただいた。特に平成8年（1996）の日本鱗翅学会と平成10年の日本昆虫学会の学会大会運営では、日髙先生（会長）とぼく（事務局長）とで2回にわたってコンビを組ませていただいた。その関係で仕事帰りなどに県立大学の学長室には頻繁に通わせていただき、長期にわたっていろいろご指導していただいた。日髙先生との出会いは、当時のぼくの狭い考え方を大

きく変え、学問に対する考え方、そして、大きな視野から物事を見ることの重要性を学んだ。ぼくの里山保全に関する考え方も日髙先生の影響が大きい。それらの積み重ねが今の仕事のやり方につながっている。

平成15〜18年（2003〜06）度にわたって、ぼくは普及現場で、愛知万国博覧会2005で世界の環境保全型技術の100技術に選定された斑点米カメムシ類の耕種的防除技術の農業指導や、県内の地域ぐるみでの里山集落保全活動を基軸とした総合的獣害対策の指導などの仕事にたずさわっていたが、農業に普通の視点ではなく奇抜な発想を持ち、現場や集落を動かすことができた原点は、多くの人生、仕事の寄り道の経験と諸先生方からいただいた多様で有用な教訓とエネルギーにあったといえる。

最後に、奈良大学の高橋春成教授とアジア猛禽類ネットワーク会長の山﨑亨氏には本著「びわ湖の森の生きもの」シリーズの発刊にあたり、数年間にわたり3人で議論させていただき、ようやく出版まで漕ぎ着けることができた。サンライズ出版編集部の岸田幸治氏には本書の細部に至る編集作業と有用なご助言をいただいた。神戸大学名誉教授の内藤親彦先生には本著の主題に関わるご自身のハバチの論文引用について快く承諾していただいた。また多くの方々には本書の写真、資料などの提供をいただいた。そして、京都大学名誉教授の日髙敏隆先生には本著の帯の原稿を快く執筆していただいた。ここに感謝の意を表したい。

■著者略歴

寺本憲之（てらもと・のりゆき）

1955年、大阪府生まれ。
大阪府立大学農学部卒業。農学博士。
専門：昆虫学、応用昆虫学、蚕糸学、野蚕学、野生動物管理学
現所属：滋賀県農業技術振興センター　栽培研究部　部長
所属学会等：日本野蚕学会評議員、日本鱗翅学会近畿支部幹事、滋賀県ニホンザル保護管理検討委員会委員、滋賀県生きもの総合調査専門委員、近畿作物・育種研究会評議員、日本昆虫学会、日本蛾類学会、日本応用動物昆虫学会、日本動物行動学会、日本蚕糸学会など
著書：『日本動物大百科9　昆虫Ⅱ』(平凡社、共著)、『小蛾類の生物学』(文教出版、共著)、『滋賀の獣たち―人との共存を考える―』(サンライズ出版、共著)、『生態学からみた里やまの自然と保護』(講談社、共著)、『共生をめざした鳥獣害対策』(㈳農林水産技術情報協会、共著)、『田舎のちから』(昭和堂、共著)、『滋賀県で大切にすべき野生生物―滋賀県レッドデータブック2005年版―』(サンライズ出版、共著)　など

びわ湖の森の生き物2

ドングリの木はなぜイモムシ、ケムシだらけなのか？

2008年11月25日　初版1刷発行

著　者　　寺本憲之

発行者　　岩根順子

発行所　　サンライズ出版
　　　　　〒522-0004　滋賀県彦根市鳥居本町655-1
　　　　　TEL 0749-22-0627　FAX 0749-23-7720

印刷・製本　　P‒NET信州

Ⓒ Noriyuki Teramoto 2008
Printed in Japan
ISBN978-4-88325-374-6

乱丁本・落丁本は小社にてお取替えします。
定価はカバーに表示しております。

びわ湖の森の生き物 シリーズ

　日本最大の湖、琵琶湖をとりまく山野と河川には、大昔から人間の手が加わりながらも、人と野生動物とが共生する形で豊かな生態系が築かれてきました。当シリーズでは、水源として琵琶湖を育んできたこれらを「びわ湖の森」と名づけ、そこに生息する動植物の生態や彼らと人との関係を紹介していきます。
　人家からそう遠くない場所に生きる彼らのことも、まだまだわからないことばかりです。生き物の謎解きに挑む各刊執筆者の調査・研究過程とともに、その驚きの生態や人々との興味深い関わりをお楽しみください。

■…既刊

1 空と森の王者
イヌワシとクマタカ
山﨑亨

2 ドングリの木は
なぜイモムシ、ケムシだらけなのか？
寺本憲之

3 湖と川の回遊魚
ビワマスの謎を探る（仮題）
藤岡康弘

4 里山の大物イノシシと
森の聖者カモシカ（仮題）
高橋春成・名和明

以下続刊